林希美——著

做一个优雅淡定的女子

不迷茫，不浮夸

天津出版传媒集团

天津人民出版社

图书在版编目（CIP）数据

做一个优雅淡定的女子：不迷茫，不浮夸 / 林希美
著. — 天津：天津人民出版社，2019.8（2020.6 重印）
ISBN 978-7-201-14943-1

I. ①做… Ⅱ. ①林… Ⅲ. ①女性—修养—通俗读物
Ⅳ. ①B825.5–49

中国版本图书馆CIP数据核字（2019）第139773号

做一个优雅淡定的女子：不迷茫，不浮夸
ZUO YI GE YOU YA DAN DING DE NV NI: BU MI MANG,BU FU KUA

出　　版　天津人民出版社
出 版 人　刘　庆
地　　址　天津市和平区西康路35号康岳大厦
邮政编码　300051
邮购电话　（022）23332469
网　　址　http://www.tjrmcbs.com
电子信箱　tjrmcbs@126.com
责任编辑　刘子伯
印　　刷　大厂回族自治县德诚印务有限公司
经　　销　新华书店
开　　本　880×1230毫米　1/32
印　　张　6.5
插　　页　0
字　　数　150千
版次印次　2019年8月第1版　2020年6月第2次印刷
定　　价　38.00元

序

每个女子都该最好命

　　这世间有许多好命的女子。她们家世显赫、有钱有貌、有学识有涵养，在择业和择偶上，更是第一时间抢占优质资源，靠着父辈打下的江山保自己一路走得顺风顺水。然而，也有许多普通女子，就没这样的好命了。她们出身寒微，家境普通，想要在社会上立足，必须拼尽全力，可即使这样，也未必就能获得成功。

　　有人说，女人要有貌，要懂得投资自己，要优雅，在这个看脸的社会，没有美貌，又如何能如鱼得水、如虎添翼呢？没人喜欢丑女人和邋遢的女人，那些不懂投资自己的女人都失败了。可是，现实的例子也告诉我们，那些家境好，长得好，拼命投资自己的女子，人生也未必多顺心。

　　我认识一位女子，叫安安。

　　她 27 岁，长得漂亮，身材匀称。她家庭背景不错，凭借着父母的关系，在某家大型企业挂了一个闲职。她平常工作不忙，白天上班时，在办公室敷面膜、做瑜伽、读书，把大部分时间用于投资自己。

安安有才华，弹得一手好钢琴，她爱写作，偶尔能接到编辑的约稿。安安曾经很自信地说："就算父母没有安排好我的后半生，让我像普通大学生那样去打拼，我照样能生活得很好。"

她很独立，也很骄傲，一个人去西藏，去撒哈拉大沙漠，也去法国和中国香港。这一路走来，她吃了许多苦，从来没有因为自己是白富美而矫情过。

她交了一个男朋友，与她家境相当，对她甚是宠爱。他们郎才女貌，惹得身边的人很是羡慕，朋友们常常说："安安，你这样的女子真是好命。自你一出生，钱、闲、貌、好男人都来了。你不用拼命，不用去努力，一切早已为你准备好，只等你出生。"

可是，熟悉安安的朋友也知道，她并没有看上去那么潇洒，她也有自己的苦恼和困扰。她在公司里被视为花瓶，被那些家境更好、长得更漂亮、更为年长的老员工碾压和看不起；她是不缺钱，可是缺乏表现自己的机会，每次她想证明自己，都被父母看作是幼稚；她和男友虽然家境相当，感情不错，可"三观"不合，在爱情里爱得很疲惫……

安安说："你们觉得我好命，只是看到了我的钱和闲，却没有看到我的烦恼和忧愁。我自一出生，就被父母安排好了一切，哪有什么自由？相反，我倒是羡慕你们，未来充满未知，靠自己的双手去打拼，想想就十分热血。"

听安安抱怨完，大家都觉得她太不知足，人生已经那么完美，如何能索要更多呢？可是，人不就是这样吗？我们的眼睛总是不由自主地盯着"缺"的部分，拥有的部分却很少看到。

我还认识一位女子，姓梁。

她出生小镇，家境普通，大学毕业后留在一线城市打拼。她住过地下室，晚上摆过地摊，寒冬腊月在地铁口卖过玫瑰花。

她爱下厨，不管多晚回家，也要安慰自己的胃。她喜欢写作，偶尔换点稿费，便开心得像个孩子。她还喜欢喝茶，独自一人在阴暗潮湿的地下室里，用盖碗静静地泡，用品茗杯优雅地喝。

人人都劝她回老家，因为在大城市太苦了。住地下室，工作朝不保夕，图什么呢？

梁姑娘说："图眼界，图有更多的选择。"

因为有了目标，这些苦都不算什么。她还有大把的未来，还能凭借着自己的能力赚更多的钱，让自己活得更好。

梁姑娘身边的人说，就算再怎么努力，也不一定有好的未来。可是梁姑娘却认为，这是自己唯一能做的事。她不想其他，不想能不能做到，只想做好自己，不负此生。

她也恋爱过，男朋友是在地铁站认识的。她求他买花，寒冬深夜，他看了心疼，便统统买下。他们一起上了地铁，就这样聊了起来，加了微信，成了男女朋友。

他不富有，同她一样，都是外地来打拼的孩子。可是，她是喜欢他，穷点又有什么关系呢？

在他们打算结婚时，他告诉她，他想回老家发展。父母早已为他买好房子，只等他们结婚入住，在那个城市里，他们家不是一无所有。

梁姑娘拒绝了。她没办法离开这里，这是她的信念，信念和梦想是她唯一拥有的东西。

梁姑娘说:"越是不顺心,别人越是看不起我,我就越要活得好。只要我不把苦难当回事,它就难不倒我。人生不如意十有八九,我们最终拼的不是谁在得意时更优雅,更风光,而是身处低谷时,我们能比别人更坚强、更勇敢、更努力,这份淡定和从容才是真正的优雅。苦难来临时都能从容应对的人,难道不是更好命吗?"

多少女子说,苦难不值得赞扬,苦难就是苦难,于是,她们被苦难打倒了。

是的,苦难就是苦难,它已来,谁也改变不了。正因为它无法改变,所以才要改变自己。

每位女子都能好命,以努力,以勇敢,以坚韧,以一个好的心态。因为,苦难都是暂时的,只要坚强熬过去,理想的人生也会随之而来。

一位女子春风得意时,再丑、再无学识也能优雅几分,难的是,任何时候都优雅。所以,前路漫漫,难免遇到磕磕绊绊,我们与其在顺风顺水时享受安逸,不如学会未雨绸缪。

哪怕最终依然无法抵挡风雨,至少心如菩提,再大的事也都小了。

下篇　优雅的女人不做依附的小鸟，不做攀援的凌霄花

让优雅之根深扎在心灵的沃土之中

自律的女人，才有优雅的资本

　　杨扬是我去年认识的朋友，在一次演员试镜中，她成了某个电影的女二号。她长得漂亮，又做过模特，加上小有名气，身边总有一帮人围着她转。

　　她试镜的是我编剧的一部电影，虽然因为资金的问题，电影没有拍成，但我与杨扬却从合作关系，变成了好友关系。

　　杨扬是童星出道，靠着在一部电视剧中的小角色，走上了演艺道路。广告、片约、平面模特的工作接踵而来，那时她年龄还小，妈妈是她的经纪人。每次工作完，妈妈都尽量满足她的一切要求，加上她少年成名，周围的人更是把她捧成了公主，生怕她磕着碰着，不工作的时候她过得像是在云上。

　　人人都羡慕她，可她过得一点儿也不快乐。

　　确切地说，她的童年十分快乐，却助长了成年以后的不快乐。

　　众所周知，一位小有名气的艺人工作是十分忙碌和辛苦的。小小的年纪却承担着巨大的工作量，当妈的哪能不心疼？她一个

10岁的孩子，几乎成了家里的"顶梁柱"，不工作的时候就尽情地释放自己。杨扬不喜欢学习，妈妈就不让她去上课；她不想吃苦跳舞，妈妈就退掉了舞蹈班；她想抱着游戏机玩游戏，妈妈也纵容她……

没有哪个孩子能这么自由，所以她对自己的生活很满意。那时，她有几位一起做童星的朋友，每次与朋友交流，杨扬都觉得自己实在太幸福了。她的朋友可没她那么幸运，专业的经纪人把他们的生活安排得满满当当，不工作的时候除了学习就是上课，表演、舞蹈、钢琴……杨扬听着头都大了。

这种幸福感随着年龄的增长在逐步递减，当好友名气越来越大，从四线的明星变成三线、二线的时候，杨扬还稳居三四线。

讲到这段经历，杨扬说："我长得比他们好看，接得活比他们多，曾经他们不如我，现在我不如他们。在外形上，我优雅从容，还能拼搏几年，可是我知道，没有本事的话，我连这点资本都快保不住了。"

本事与优雅似乎毫不相干。在许多人的理解中，优雅就是漂亮的外表，淡定从容的微笑，举止得体的礼仪，可是杨扬说，真正的优雅是靠能力撑起来的。

没有本事，优雅都看起来很假，因为你不可能真正地从容淡定：演一场戏，导演需要你把整个身心投入进去，你没有演戏的功底，只能当场抓瞎，能淡定吗；面试外国导演，英文烂到家，那微笑的嘴角都在颤抖，能优雅起来吗；当男友除了需要你好看的外表，还需要你有一颗有趣的灵魂时，一无所长不正预示着恋情即将终结吗……

　　现实打了杨扬一巴掌，把她打醒了，她要想在演艺圈好好地混下去，必须有过硬的演技，过人的才气以及应付各种场合和导演的能力。

　　为了让自己越来越有底气，杨扬度过了一段十分艰难的岁月。这段苦日子并不是苦练演技，拼命读书，而是与自己较劲。小时候，妈妈对她太过纵容，她没有自律的能力，尽管她知道自己需要不断提升自己，可就是忍不住打游戏，玩手机，躺在床上呼呼睡大觉。

　　与减肥者一样，诱惑总是难以抵挡。她向我哭诉说："我真正学习的不是技能，而是学习如何自律，并在自律中让自己不断学习……"

　　这句话把我绕晕了，不过我能理解杨扬的心情。从小自律又刻苦的朋友们，早在"周扒皮"般经纪人的安排下成长为既有能力又有颜值的人气明星，不仅如此，在经纪人的棍棒下，那些人也早已养成自律的习惯，这也是杨杨需要花费更多时间去学习的。

　　仅仅一个习惯，已经差出了不一样的人生。

　　提到自律，不得不提我另外一位朋友，小鱼。

　　小鱼是一名插画师，戴着一副黑边眼镜，长长的头发垂到腰间，棉麻的袍子把她衬得越发文艺，像个十足的艺术家。

　　她给图书画插图，出绘本，还兼顾自己的工作室，按理忙得不可开交，可是每次看她的朋友圈，总是在喝茶、插花、会朋友。

　　朋友都说她活得不食人间烟火，无论生活还是作品，永远都那么美好、明亮，像一缕透过窗子照进来的阳光。

小鱼听到这些评价，会可爱地做一个委屈的表情，然后笑着说："这源于小时候的自律，它让我有了大把时间装点自己和生活。"

小鱼的爸爸是一名地道的"海龟"，上大学时与在国外留学的妈妈相遇并相恋，因双方的父母都在国内，两人便回国发展。

小鱼出生后，接受的是西式教育，爸妈注重她的性格和习惯的养成，小鱼两岁的时候，每天的时间已经排得很满了，不过那时爸妈一直多方位观察她的兴趣，当他们发现她最爱的是画画时，她的生活便被绘画排满了。

对一件事再有兴趣，时间久了也会变得枯燥无味，更何况一个孩子。那时，她委屈得把画笔扔掉，把画纸撕掉试图反抗，以为这样就能说服父母。妈妈看到她反常的举动，没有说任何话，第二天又给她买了新的画具，并告诉她："一件事只有控制住自己，将来才能控制自己的人生，无论遇到任何事，都能从容应对。"

那时小鱼不懂妈妈的话，只知道妈妈又买了画具，她逃不掉了。于是，只能咬牙坚持继续画画，就这样，她在一点点坚持的过程中，发现坚持久了，坚持本身就会成为一种习惯。有时不画几笔，手还会痒。

靠着一点点的坚持与自律，小鱼的画越来越好。当许多画家还在为生计发愁时，十多岁的小鱼就已经开了个人画展，在业内小有名气了。大学毕业后，同班同学开始找工作，有的同学甚至决定放弃画画，而小鱼凭借着自己的名气和绘画才能开起了工作室。

小鱼说："我没打过一天工，自己的人生一直是自己做主。"

云淡风轻的小鱼，一直是许多人羡慕的对象，因为她日子过得实在太悠闲了，很多人都想向她讨教一下，到底是如何安排时间，平衡生活与工作的。

小鱼说："很简单，除了自律，没有其他办法。"

早上五点多，她起床后开始画图书封面，处理对外的工作事宜。八点吃完早餐，一直到中午这段时间，专心地画自己的绘本图书，吃过午饭以后，整个下午的时间，就用来接待朋友、会客，如果没人去工作室，她便喝茶、读书了……

看似风轻云淡的生活，其实一点儿也不简单，这让我想到身边那些拼命努力，晚上熬夜加班，早上起床健身的朋友，他们比小鱼努力，却过得不如小鱼成功，我很想知道原因。

小鱼说："焦虑的努力，也是一种失控的人生，这些人，注重的是结果，而不是本事，一切只是为了成功，为了翻盘而努力。但在努力的过程中，遇到任何风险，人生都会崩盘。而妈妈从小教育我，要控制自己的人生，想要活得好，必须有与之匹配的真本事。就算将来有一天我一无所有，只要我的画技还在，没有得健忘症，我的画技值多少钱，市场依然会有一个公平的价格，这个价格让我活得泰然自若。"

小鱼的这番话，让我想起杨扬的焦虑。在偌大的演艺圈，谁的颜值也不比谁差，可靠颜值到底能吃多久的饭呢？青春总有一天会逝去，留下来的只能是本事。

还好，杨扬明白得不算晚，就算现在重新开始，人生照样有机会逐步积累，给她一个公平的价格。

别以为人天生就能活得从容淡定，也别总效仿别人优质生活的一面，那样只能仿其形，无法仿其本，没有本，形就是一个空架子，端庄不了多久的。

一个女人，如果放松对个人形象的管理，就很难让人赏心悦目；一个女人，如果放松对自我情绪的管理，就会让人感觉刻薄鲁莽；一个女人，如果放松对学识修养的管理，就会变得俗不可耐。

支撑一个人优质生活的是底气，因为你值钱。多一点儿本事，就多一点儿自信与从容，很简单的道理。但想让自己变得值钱，还需要像小鱼那样懂得自律，让本事在心底一点点长出来。

我们没法控制结果，但可以控制自己今天是否自律，养成自律的习惯，一点点进步，一点点翻越面前的大山，很快你就会发现，你变得从容、淡定了很多，因为你自身的价值，已经足够让你优雅从容地活下去。

优雅的女人从不偷懒，从不放纵自己。她们内心笃定，明确地知道如何往更好的方向去控制自己的行为与思想。自律，让她们内心自信，外表从容，这是她们优雅的资本。

自律能让一个人的内心充满力量，这种力量，可以让我们在逆境里直得起腰，在顺境里低得下头。

自律是一条通往优雅的必经之路，愿你我都是同路人。

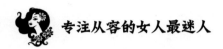 **专注从容的女人最迷人**

不知道从什么时候开始，我和咪可成了最好的朋友。咪可是一位珠宝设计师，开了自己的工作室，她工作室里所有的珠宝，都是自己亲手设计的。

她在网上有店铺，是一个小众品牌，但因为设计风格得到了客户的青睐，生意一直做得不错。

身为一个珠宝设计师，大家都认为她会把更多的注意力放在设计上，其实不然，她把大部分时间放在低头做事上，亲手打磨一件作品。

她说，我喜欢与材质近距离接触。

"难道，设计师不应该更关注灵感，在设计上努力、花时间吗？"我问。

咪可突然问我："你吃过瓜子吗？"

我被问得一愣，"当然吃过。"

咪可继续问："你平常如何嗑瓜子？"

我看了看桌子上放着果盘，还有干果，干果盘里正好有瓜子，于是我嗑起来，一边嗑瓜子一边说："就是这样吃的。"

咪可也抓起了一小把瓜子，她嗑了一粒瓜子，随后把皮剥掉，把瓜子仁放到桌子上，然后又嗑了一粒，又把瓜子仁放到桌子上。直到瓜子仁堆成一座"小山"时，我按捺不住了，问她："你到底在干什么？"

咪可拍了拍手，把沾在手上的碎屑拍掉，然后意味深长地说："这就是答案。不知道你知不知道'嗑瓜子'理论：一个人在嗑瓜子时，时间过得很快，但同样的时间用来学习，就会过得特别慢。一粒瓜子从嗑到吃进嘴里，吃需要几秒钟，吃到嘴里就是一次付出得到的反馈，这个反馈让你有快感，所以你会一直吃下去。但你工作学习时，往往不会立即得到反馈，于是你会觉得无聊。假如，你嗑一个小时的瓜子，却不吃，积攒到一定量后再全部吃掉，没有及时得到反馈的你同样会觉得无聊。虽然瓜子并没有少吃，但却没有了快感。所以，快反馈，麻痹着我们的大脑，让我们失去了专注力。然而，做任何一件事，最需要的便是专注力。我不时亲手做珠宝，便是如此。因为一件作品做出来，需要时间，这能磨炼我的心性，让自己减少快感的麻痹，从而更加专注地从事设计工作。"

咪可的话讲完后，我想到了自己刚才着急的样子。咪可说得没错，我们专注力缺失，做任何事都不长久，就连等待一个答案都急不可耐，那样子可真不好看。

咪可长得相貌平平，身着打扮也不是很讲究，但她的一番话却让她大放光彩。这可能正如她的设计，因为她的专注，让她走向了成功。

咪可又说："因为有了专注力，我才能踏实地做设计。我不断地告诉自己，我要把每一件作品设计得更成熟，而不是急于推向市场。专注让我变得更加从容，而不是焦灼不安。这个理论放之四海皆可用，你可以试试。"

在快速发展的今天，我一直觉得咪可做事有点儿慢条斯理。当下，谁不想多赚钱，谁不想多出一件作品，谁不想一下子家财万贯……然而，今天我明白了，贪多、贪大，是一种焦灼的人生，表面上看来可能这些人已经走向成功，但终究像嗑瓜子，快感来得太快，也因为嘴里瓜子的量不足，成功去得也快。

人生是一个积累的过程，我们需要学习的并不是每次都得到反馈，然后一切又尽快散去的忙碌的人生。人生始终需要专注而从容地一步一步来，像咪可这样，让自己越来越成熟。

天生丽质的女人最迷人吗？当然不是。很多女人除去装扮、妆容，留下的底色未必有多美。而有些女人，即使没有华丽的服饰与妆容，人生的底色依然迷人，这是因为她们的一举一动，都十分专注从容，从骨子里就散发着优雅气质。

许多人说，一个女人最重要的是，扬在脸上的自信，刻在骨子里的从容，举手投足间的优雅，这些固然没错。但我觉得更重要的，还是专注，没有专注力，一个女人很难从容起来，因为，自信是装不了多久的。

我有一位朋友，十分奇怪，每次给她发信息，她总是很晚才回复。她每天只看手机 10 分钟，只有最重要的信息，才会关注。

这位朋友叫雅兰，是一位翻译家。她毕业于北京外国语大学，上大学期间，学习了四个国家的语言，其中有三种国家的语言，达到了翻译级别。

当身边很多人大学毕业后，还在大海捞针地找工作时，雅兰就已回到家中，做起了职业翻译。她的日子过得轻松优雅，有规律，而且节制。

她每天四点半准时起床，然后开始翻译作品到八点，就算完成了当天全部的工作。吃完早餐后，她去健身房运动一小时，之后约朋友、逛街、读书、吃美食，忙得不亦乐乎。

我和雅兰是好友，每个月见面两次，聊一聊当月的工作，生活里发生的事，以及其他娱乐八卦，才算完成了一次会面。

有时我会抱怨："找你真难。你为什么不跟我在网上交流，反正你有大把时间。"

是的，当下年轻人，有谁不是手机不离手，微信时时挂着，朋友圈每隔 10 分钟看一次呢。雅兰每天只有 10 分钟的时间留给手机，真是太"变态"了。

雅兰听完笑了。她说："假如，我每天跟你聊天，你会珍惜现在来之不易的见面吗？假如我每天手机开着，我能短时间内完成当天所有的工作吗？我能好好地吃美食，看风景吗？我知道，有很多人喜欢做家务时听音乐，工作时聊天，吃饭时看电影……但这样的结果往往是，电影没有看好，饭也没有吃好……他以为这样更节省时间，其实问问你的味觉，它不会骗你；问问你的耳朵，它可能没听出音乐想要表达的情感；问问你的手，它没有摸到家具的质感……"

雅兰喝了一口咖啡，继续说："我想过更有体验的人生，而不是被手机控制的人生。这就像扬在脸上的自信。自信是什么？不是傲娇地抬起了脸，而是心中有数，你才能凡事淡然一笑。然而，手机只会让我失去专注力，而不是让我的人生变得更美妙。"

不记得在哪里看过一篇文章，上面说，当我们对手机有依赖，对游戏有依赖，对手机上的 APP 有依赖，我们就失去了专注力，也失去了可以控制人生的能力。而手机、游戏、视频，目的只有一个，就是毁掉你的自律与专注，让你花大量的时间在手机上。试问，一个每天玩手机 10 个小时的人，她能有什么样的人生？

在四处都是诱惑的时代，我们不能把自己活成"手机废人"。

雅兰说："当你对一个事物有依赖时，不知道一个人能有多少自信。就像手机从身边消失一整天，很多人觉得自己被全天下抛弃了，这样焦虑、苦闷、焦灼不安的自己，是一种自信与从容吗？所谓的专注力，不仅仅指工作要专注，还指生活要专注，对自己要专注，对朋友要专注……专注会让你获得各种能力，只有有能力的人才能心中有数，才能有一个从容淡定的人生。"

从容与优雅，向来不是一种礼仪与姿势，而是对待人生与做事的一种态度。想要这种态度，一定离不开专注，它是做任何事情的法门，它是人人都必须学会的一门功课。我们虽然已从大学毕业，不需要再向老师交出考卷，但我们的人生更是一个大的考场，只有成绩优秀的人才能最终胜出。

或许人生不需要所谓的输赢，但一定需要从容应对人生中的种种难题。与其焦虑不知所措，不如做到心中有数，微笑地走过人生每一段路程。

"快""慢"人生拿捏好，你会看到更多风景

张爱玲说过一句著名的话："出名要趁早，来得太晚，快乐也不那么痛快。"这话不仅适用于出名，还适用于做人做事。因为如果凡事只在最后一刻做完，前期拖延时的享受，也不会那么痛快。

从小到大，小乔都是一个爱拖延的人。我每次跟她约会，不拖到最后一分钟一定不会到来。早上起床，闹钟响了又响，不拖到即将迟到，她一定不会冲出门。还有，在工作中，她每一次都是最后一个提交方案的人。

她虽然长得漂亮，性格也活泼可爱，可她的拖延实在为她减分。因为她的拖延，她被领导骂了一次又一次。每次她都下定决心改掉这个毛病，可是，一接到新的项目，她依然习惯性地拖延，认为明天再做也没什么。

直到有一次，领导大发雷霆，如果她再交不出令他满意的方案，她将被辞退。那一刻，小乔才真正下定决心发誓要改掉这个毛病。

拖延是绝症，想要改掉确实不容易。等小乔再接新项目时，她

还是没有立刻投入到工作中，而是在心里盘算着时间："这个项目大概三天就能做完，离交方案还有一周时间，今天去看场电影也没什么。"

第一天，她看了一场电影；第二天，她追了韩剧；第三天，她开始忙碌工作。以前，小乔一定会拖延到最后一天才交出一份草稿。如今，第三天开始忙碌，她认为已经万无一失，可是她在做的过程中才发现，做好与做完如此不同。当她想做完时，几分钟也能做完；当她想做出好方案时，才发现要查找的资料太多了。

最后，小乔还是拖延了。这一次的拖延，导致她失去了工作。

被公司辞退那天，小乔找到我，问我她是不是没救了。

我问她："在没完成工作前，你看电影、追剧、逛街，真的享受吗？"

小乔立即摇头："不！无论我做什么，大脑里总会时不时蹦出工作，然后我安慰自己说，没关系，不做不要紧，反正时间来得及。"

因为"来得及"，瞬间的焦虑，无法变成她的行动。可是小乔知道，她的大脑始终被工作笼罩，不管想不想得起来，工作的影子都在。

我只好建议她："要不，你就先做完一次，做完后再去享受娱乐时光。"

这样的建议等于屁话，人人都懂得道理，但是很难做到。小乔懂，只是做不到，我觉得，她真的没救了。

事情出现转折是在一个下午。

那是一个周末，小乔新应聘的公司要举办一场研讨会，她作为工作人员到场。为了这场研讨会，她们忙了很久，后来还为"提问时间"而争执不下。通常，研讨会最后的 10 分钟是提问和评论的时间，一位同事建议按照常规时间安排执行，只需预留 10 分钟。而另一位同事则建议留出半个小时，因为谁也不能保证现场不出现意外。

大家都认为"预留半个小时"那个同事的建议有点儿小题大做，最终没被领导采纳。每个人都觉得，他们之前举办过研讨会，从没出现过任何意外，没必要留出太多的时间。果不其然，这次嘉宾发表演讲时间超过了既定时间，他迟迟不肯下台，台下的工作人员急得满头大汗。等嘉宾好容易走下讲台，主持人只好用三言两语讲完余下的内容，即使这样，提问时间还是被拖延得只剩 5 分钟了，同时也使参与这次会议的工作人员因为时间问题都有了紧迫感。

这次，小乔一下子意识到被拖延的后果，才明白她之前在大脑里预设的时间是有问题的。像这样提前预设时间去做，都会出问题，那她之前总是拖到最后一刻才去做，问题岂不是很多？就像那位站在台上的主持人，憋红了脸，用仓促的语言，说着甩干蔬菜般毫无营养的话，也只是因为预留时间太少，出现了意外，整个会议才会不那么"完美"。

此后，小乔下定决心，不管做什么事，都会提前做，而不是拖到最后一刻。"拖延症"也渐渐离她而去。

未雨绸缪，才能有备无患；做事趁早，才能提前一刻享受痛快。优雅的女子之所以淡定从容，不是她们摆出了一种从容的姿态，而是发生任何事，她们都有足够的时间去处理。

明天和意外总是不知哪个先来，明天先来，你已提前做完，将有大把时光静心享受；意外先来，不怕，预留的时间总能让你淡定地从容应对。

其实，淡定的人生不止"趁早"一种，"等一等"的人生，也能看到更加多彩的风景。

在一次旅行中，我认识了沁蓝。她是一名记者，每天背着照相机天南海北地做采访。她性格豪放，做人简单干脆，痛了就哭，开心了就笑。她说，做记者这么多年，见多了悲欢离合、天灾人祸，所以更愿意活得坦然潇洒。

在别人看来，这样的女子活得粗犷，可在我看来，她活得细腻温润有智慧。她的智慧不是来自风风雨雨的经历，而是读书时的静默，和她的"等一等"。

一本图书稿子迟迟定不下来，我向沁蓝抱怨："为什么编辑还不回话？是不是他们不喜欢这本书？"

沁蓝说："等一等。"

我很无语，已经等了这么久，还要等多久？

沁蓝见我不开化，继续点化我："不要揣摩别人心思。你无法控制外界的变化，你能控制的只有你自己。你在这里思来想去，即使把编辑的心理揣摩一百种又有什么用，还不是要接受最终的结果？既然结果早晚会来，那就静心地等一等，用思虑的时间看看书，喝喝咖啡不是更好吗？不要因为焦虑和揣测他人，让自己失去了眼前的好风景。"

说完，沁蓝拿起了正在读的书，继续畅游在她的书海世界里。

她就是这样，对于自己无法掌控的事从不着急。不过，如果她接到了工作任务，则会拼尽全力，用最快的速度赶到"案发现场"。

　　有些事情要趁早，有些事情要赶晚。对于沁蓝的"风风火火"和她的"等一等"，我总是不得要领。沁蓝解释说："自己能掌控的事，一定要趁早。工作是你能掌控的，所以就要趁早做完；但是结果掌握在别人手里，这时就要等一等。如果你渴望尽早知道结果，就不要焦虑地拖延时间，而是立即催促对方提前完成。要么做，要么等，就是这么简单。做，就尽快；等，就静下心来。要知道，焦虑是最没用的东西，你既不能拿起，又不能放不下，这最消耗你的时间。该快的时候快，该慢的时候慢，这样你才能省出更多的时间用来旅行、喝茶、读书，欣赏更多的风景。不要说来不及喝一杯茶，当一个人连喝一杯茶的时间都没有，一定是在'快和等'上出现了问题。"

　　经沁蓝一解释，我才懂得了她的做事法则，同时也懂得了为什么一个如此粗犷的女子也能细腻温润。

　　她的快，让她雷厉风行；她的等，让她温婉淡定。我喜欢与她见面，听她修正我生活中的小错误。

　　我拿着手机，一边刷娱乐新闻，一边问沁蓝："你说，××和××是恋人吗？'狗仔队'拍到他们在一起。"

　　沁蓝放下茶杯，拍了一下我的脑袋："你不知道要等一等吗？要知道，所有的新闻八卦，一出来大部人都在猜测，接着大批追热的文章出现。如果你稍微控制不住，就会被那些观点吸引，浪费你许多时间。如果你真关心结果，等上几天，真相自然会浮出水面。

与其时刻看文章，关注新闻进度，不如去读一本书。你不但没有错过你想要的结果，与时刻追热点的人相比，你反而多了许多读书的时间。"

听完沁蓝的话，我放下手机与她一同品茶。那天的茶，香甜滑润，是我喝过的最好的一杯茶。

人生中，不经意的风景，人人都有机会看到，可想要看到更多风景，就需要学会在"急和等"之间做选择。时间不在别人手里，淡定的人生也要靠自己努力。我们都是这世间的修行者，改掉坏脾气，变得越来越努力，掌握更多的智慧……

上帝最大的公平就是，给了每个人同样的时间。不管你贫穷还是富有，每个人都可以拥有一个淡定的人生。时间等量，但使用时间的方法却千差万别，不要羡慕别人活得优雅，其实你也可以。

我们每个人都是"小乔"，但我们每个人都有机会变成"沁蓝"，与其等一个改变的机会，不如趁早，趁现在……

因为越早，你越能放下焦虑，提前享受美妙的结果。

做一个淡定优雅的女人，如秋叶般静美，像丁香那样淡雅。携一份宁静，带一种从容，淡然地来，淡然地去，活得简单而有滋味，只要留下的是一缕馨香。

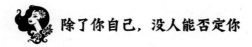 除了你自己，没人能否定你

经历了那件事之后，小遥彻底变了。她变得自信，变得有主见，变得不再害怕任何人的否定了。

她说："这是一场生命的洗礼，只有被洗过的人才知道重生有多重要。"

4年前，小遥大学毕业已半年，正处于人生中最迷茫的时期。她不知道该找一份什么样的工作，不知道喜欢什么样的男生，更不知道一个人能否应对独居生活。

虽然她不知道自己喜欢什么，想要什么，但她知道自己不想要什么。当父母想让她考公务员，想为她找一个他们看起来老实稳重的男人时，她拒绝了。她知道，这不是她想要的人生，她应该多去尝试，最终确定到底要走哪条路。

她跟父母说："就让我自己选择吧。我虽然不知道自己想要什么，但试试就知道了。"

试，等于未知，人们对未知有着天然的恐惧。小遥的父母渴望

她过一个安稳的人生，怎么能让她把生命浪费在尝试上呢？万一到了 30 岁，她还没有确定自己想要什么，那岂不是错过了最好的工作和男人了吗？

父母开始否定小遥，希望她按照他们的意愿而活。小遥从小是一个听话的乖乖女，虽然父母安排的一切不是她想要的人生，但是，她不去尝试，又怎么知道父母给的人生就一定不是自己想要的呢？

她决定走一步，看一步，如果她确实不喜欢父母给的一切，再做选择也不迟。

在父母的安排下，她有了一个门当户对的男朋友，去了一家余生能给她保障的公司。在公司里，小遥每天靠跟闺密聊天度日。一开始，闺密工作轻松，在单位里是实习生，偶尔陪她聊一聊。后来，闺密工作越来越忙再没工夫理她，她才突然发现，自己被落下了。

她不喜欢现在的男友，不喜欢他跟她一样，把日子过得一眼望到头。半年后，小遥瞒着父母向男友提出了分手，她本想瞒着父母辞职，男友的父母找上门才让事情败露。

父母反对小遥与男友分手，更反对她辞职。小遥第一次有了逆反心理，她已确定安稳不是她想要的人生，她更希望自己的人生是拼搏出来的，不管前路多艰难，至少一切充满未知。在父母看来，未知意味着毫无保障，对于小遥来说，未知意味着机会。她坚信，只要自己努力，一定能跟闺密一样，把日子过得累并快乐着。

小遥的想法在父母眼里，幼稚得可笑。只有涉世未深的孩子才渴望吃苦，才不知道外面的世界有多艰难。

可是，她不亲自去看一看，又怎么会知道外面的世界到底什么样呢？

见小遥如此坚持，父母答应给她半年的时间，让她出去吃吃苦。她从小到大太顺利了，假如不让她尝点苦头，她永远不知道天有多高，地有多厚。

父母的放手，让小遥开心极了。她第一次发现，原来按照自己的想法活，竟然如此痛快。虽然那时，她也有过迷茫，不知道自己要做什么样的工作，但是她知道自己要去拼，去努力。

在闺密的帮助下，她去了一家做化妆品的公司，从小业务员做起。闺密告诉她，她的努力方向，可以是美容顾问，或者美容讲师。小遥听了心生向往，决定好好地为了那个职位而努力。

白天跑业务，晚上学习美容知识，读关于美容的书籍，有时她看着书都能睡着。每次，妈妈会把她拍醒，劝着她："既然这么辛苦，就放弃吧！你从小娇生惯养，是吃不惯苦头的。"

妈妈越是这样说，她越想证明自己。她白天去见一个又一个客户，拒绝、否定，确实让她失去了自信。她向公司申请美容讲师和美容顾问的培训，公司以她是新员工的理由拒绝了。

那段时间，是小遥人生中最灰暗的时期。公司否定她、客户否定她，回到家中，还要再次遭到父母的否定……

小遥有点儿绝望，跟我说："妈妈说得是对的，我根本就是一个吃不了苦的孩子。"

我听完，劝她再坚持一下，就算放弃也要坚持完约定的半年，反正大不了回原来的公司。与其对未来绝望，不如好好享受这半年的经历。毕竟，回到原来的公司以后，锻炼自己的机会就不多了。

小遥听完，恢复了自信，再一次向着目标努力。为了让自己专心业务，她甚至从父母的家里搬出来一个人住。

她说："我不想再听父母的抱怨。我要用行动证明，其实我也可以。"

一个人的生活，是孤独的，是寂寞的。初次独居的她，什么也不会，她像学习做业务一样学着独自生活。除此之外，小遥把所有的时间，交给了业务和学习。只要醒着，她不是在打电话谈业务，就是在网上寻找客户。即使忙到很晚，她也会抽出一些时间静下心来读书学习。在她的努力之下，她逐渐有了订单，专业知识也是新员工里最强的。

仅用了三个月，小遥就申请到了美容讲师的培训机会。虽然离自己的梦想还很远，但她对未来充满信心。

小遥说："经历了低谷我才懂得，只要你还在努力，还在进步，暂时得不到认可算不了什么。他们可以否定今天的你，但明天你进步了，他们又如何否定你？不要觉得自己应该被认可，我们自己也在否定自己不是吗？今天的你，一定觉得十年前的你很幼稚。我们能否定昨天和今天，但谁也不能否定明天。"

如今，小遥不仅是美容顾问，还是一位美容讲师，她拿着丰厚的薪水过着自己想要的人生。即使她已经有了成功的模样，父母还是不喜欢她太拼，不希望她过着不够安稳的生活，可是，这又有什么关系呢？

我们每个人都有过被否定的经历：方案被领导否定，稿子被出版社否定，性格被想要分手的男友否定……

不少人因为这样的否定而开始怀疑人生，怀疑自己。甚至认为自己不是这块料，可能这辈子也不适合做某种类型的工作，因此而换了行业。只是他们不知道，暂时的好或不好不重要，重要的是明天你在哪里，是否还在坚持着。只要还在努力，明天的自己一定会进步。

人生，不到最后一刻，谁也无法否定你。即使你终生也做不到顶尖水平，但能做到自己的最好，就已经是胜利了，不是吗？

我认识一位女子，叫小野。她 23 岁，长着一双大大的眼睛，身材高挑，很是漂亮。可是，她一点儿也不自信，总是认为自己的鼻子有点儿塌，性格有点儿小家子气。除此之外，她在工作上也没自信，她去公司上班一年多，从来没有得到过老板的肯定，即使老板偶尔夸赞她，她也把那表扬当作客套话。

我劝她自信点，小野却说："从小到大，我做什么爸妈都认为我做得不够好。我考 90 分，妈妈却夸隔壁的小朋友考了 95 分；我 8 岁第一次煎蛋，妈妈骂我煎得不好；我 16 岁，第一次给自己买裙子，妈妈说我眼光差。工作后，领导让我们向第一看齐，男朋友希望我像闺密，朋友却又说我不够自信……我确实很自卑，但这真的不怨我，每个人对我的要求都不一样，我很难做到让所有人都满意啊！"

我一时间觉得自己说错了话，于是，岔开话题给她讲起了小遥的故事。我就是想告诉她，别人说什么不重要，重要的是你自己怎么看。这是你的人生，别人无法为你的人生负责。

格雷厄姆·格林说："没有人真正了解别人，因此，没有人能真正安排别人的幸福。"父母和朋友，只能按照他们的想法来安排我们，但这未必是我们想要的生活。如果一个人，每天为了让别人满意而活，那她确实容易自卑；如果一个人，整天活在别人的意见和否定里，那她永远像一个原地旋转的陀螺，活在别人的抽打中，只是，这样的抽打并不会让她进步，而是让她失去方向。

小野听完小遥的故事好生羡慕，她佩服她的勇敢，也佩服她的果断，可是，小野告诉我，她做不到。

她说："从小到大，我尽管已经很努力，可还是失败了。在妈妈眼中，我不是最好的孩子；在公司里，我也不是最出色的员工；我甚至在朋友眼里，都不是一个最好的朋友……如果我按自己的想法活，那他们不是对我更不满意了吗？我尽量做到让他们满意，压力都已经这么大了，如果不让他们满意，压力岂不是更大？那时，我爸妈会跟我翻脸，老板会开除我，朋友也会离我而去吧……"

尽管我们都知道，我们不可能让所有人都满意，但是走自己的路，活出自我确实需要勇气。

我把小野的问题反馈给小遥，小遥说："我们从小到大一直在跟别人比。自信的人，喜欢拿自己的优点对比别人的缺点；自卑的人，喜欢拿自己的缺点对比别人的优点。因为两者对比的角度不同，产生的结果也不相同。不过我想说的是，不管我们怎么比，我们都很难成为最好的那个。比如你在文学上，即使拿到了诺贝尔文学奖，依然有人不喜欢你的作品；你即使做到了世界第一，依然有人批判你的产品。就像孔圣人，他已成为圣人，可还不是有人不喜欢他的思想？圣人都难以做到让所有人都喜欢他，更何况你我这样的凡人呢？小野之所以难以改变，不是因为她束手束脚，而是她没有看透世界的游戏规则。她渴望成为圣人，渴望得到大家的喜欢，可是，她做得越多就越是徒劳。"

为了让小野活出最好的自己，我把小遥介绍给她认识。在小遥的帮助下，小野第一次向领导表达自己的意见，第一次学会化解同事反对的声音。当父母让她去相亲时，我们鼓励她，让她向父母表达自己对另一半的要求。

父母没有反对她，也没有骂她不成熟，反而积极地为她寻找她心满意足的男朋友。如今，小野越来越好，成为一位自信优雅的女子。

我这时才发现，不在乎别人的看法，不等于否定别人的想法，更不等于就要与全世界作对，而是从生活的小细节中，一点一滴地发出自己的声音，慢慢地改变。

我见过很多不在乎别人看法的人，他们不接受别人的否定，更不会让别人来指点他们的人生。只要有人想法不合他们胃口，就会立刻跳起来反抗，美其名曰，不让别人干涉他们的人生，甚至认为这样的做法很酷。

其实，这一点儿也不酷。要知道，与全世界作对，全世界就会离你而去。这不是做自己，而是情商低的一种表现。当我们希望别人肯定我们的时候，我们也不要去否定别人，而是表达出自己的意见和看法，至于他们是否接受，那就是别人的事了。

另外，更重要的一点是，不要打着"否定别人干涉"的幌子不作为，一个劝你勤奋的人，一定是真心爱护你的人，他比你还要为你的人生负责。骂你懒的人，是鞭策你，而不是在否定你。

　　所以，我们也要学会"肯定"自己，并感谢那些否定的声音，是这些声音，让我们为了做得更好而努力，为了更好的未来而奋斗。

　　从今以后，不要再被他人否定，变得自信起来吧。如果你想做个美丽优雅的女人，那么，请扬起你自信的头颅吧，让自信的微笑时常挂在你的嘴角，相信无论何时何地，你都会成为最美丽动人的女子，成为生活的主角。

聪明地勤奋，优雅地成长

有一句话很流行："你只有十分努力，才能看起来毫不费力。"许多人为了最后"毫不费力"的优雅，选择了十分努力。她们努力了一天又一天，一个月又一个月，一年又一年……终于有一天再也坚持不下去了，于是不得不自暴自弃地喊出那句，"滚蛋吧'十分努力'，我不干了。"

坚持是一件很难的事，越是聪明的人，越是很难踏实地去努力。因为她们实在太聪明了，靠聪明才智也能在社会上混得不错，又为什么一定要勤奋呢？只是，当她们的人生想再上一层楼时，却发现少了勤奋人生只能就此止步。

小衣是一个聪明的姑娘，从小到大，学习成绩优异，一直是年级第一。考大学时，又以不错的成绩考上了一本线，成为父母眼里的骄傲。小衣在学习上有着诸多天分，她几乎不用怎么费力就能把功课念好。她记忆力超群，课本读几遍就能背下来。

由于她的聪明异于常人，在学校里又表现出色，常常受到人们的夸赞。不过，小衣有一个相当致命的问题，那便是不用心。

一个聪明的人，常常会产生比别人"学得快"的这种错觉，会让他们以为"看一眼"就学会了。小衣在学习上，也许只要解答出各种试卷的习题，就能成为一个优秀的学生。但是当她踏入社会，就会发现，在工作上的问题，并不是懂了就能交出答案，还需要亲自去实践，在实践中又会遇到各种棘手的问题。一个人的头脑再聪明，也离不开静下心来，把问题一一解决。

小衣大学毕业后，进入一家外资企业工作，她凭借着活泼的性格和聪明的头脑，赢得了领导的喜爱，转正后没多久，便成了领导的秘书。

看她越来越好，我真是为她高兴。她升职那天，还特意请了好朋友为她庆祝。本以为小衣在职场上也会一路顺风顺水，谁知没多久，她便哭丧着脸，在电话里委屈地说："我被领导骂了，这已经不是第一次了。我从小到大从没被人骂过，真的是太委屈了。"

小衣与我们普通女孩不一样。从小到大，她是父母、老师眼里孩子们的榜样，而她一直被当作榜样习惯了，现在又如何受得了领导的骂呢。加上小衣在智商上有一些优越感，导致她与同事的关系并不好。为此，小衣问我，她到底要不要辞职。

她所在的这家公司，不知道有多少人挤破头想进去，她却想要辞职。我劝小衣再咬牙坚持一下，说不定业务熟悉了，一切就好了。

在我的劝慰下，她又坚持了半年，令人欣慰的是，半年后她在职场上逐渐有了起色，而她的工作量也在逐渐增加，这时小衣又想到了放弃。

我羡慕地说："你现在基本薪水已经五位数了，加上出差补助和奖金，以及各种福利，这个待遇不是谁都有的。"

　　小衣听完很不屑："我什么时候落后过？我辞了职，凭借着当下的工作经验，一定能找一份更好的工作。"

　　许是她当惯了尖子生，别人眼里好容易得来的工作，在她眼里竟可以如此轻易放弃。我自然劝她再努力一下，说不定劝劝就又熬过去了。

　　不过，小衣这次并没把我的鼓励放在心上，三个月后，她提出了辞职。靠着她在外资企业的工作经历，她确实找了一份薪水更高的工作，只是换了领导，工作更加忙碌了。她在新的工作岗位上坚持着、努力着，甚至熬夜加班。她以为，自己已经拼尽全力，可眼前总是有新问题出现。

　　终于有一天，她放出了那句狠话："什么十分努力，老子已经够努力了还是不行，老子不伺候了。"挂完电话，她写了辞职报告，不顾人事部的挽留，头也不回地走了。

　　在今天，许多人都是聪明的，总是认为工作机会多得是，跳槽也无妨。殊不知，我们今天许多工作得来不易，更应该珍惜。比珍惜更重要的是，聪明下的勤奋。小衣一直认为自己已经很努力了，咬牙坚持过了，可还是没有坚持到最后一刻。

　　十分努力的结果是，毫不费力，即所有的优雅从容，都是倾尽全力之后的结果。当你觉得人生很累，说明自己还差些火候。而聪明的勤奋，则是明白凡事都有一个积累的过程，在这个过程中，懂得克制自己，更懂得只有坚持下去，最终才能成长得越来越优雅。

王艾 32 岁那年，开了人生中第一个画展。她是一个水墨画家，4 岁开始学画，32 岁才成功，没人知道她坚持了 28 年。在别人看来，32 岁的年纪开画展，已是一个出色的画家，取得了不小的成就。可是，只有她知道，她从 4 岁坚持到现在，这一路到底经历了什么。

我与王艾是几年前认识的，我们之所以成为好朋友，是因为我喜欢书法，而她喜欢写作，在技能上我们彼此交换，因此成了无话不谈的好朋友。

我把写作之路的心酸倾诉给她听，她同样也向我讲述了她从小学艺的故事。

王艾并不喜欢画画，画画是妈妈的梦想。后来，妈妈做生意赚了钱，把自己未实现的人生理想强加到了王艾身上。那时王艾很小，并不喜欢画画，每次她看到别的小朋友在楼底下做游戏，或者在家里看动画片，她就气得摔笔不干。

妈妈好话说尽，王艾不听；妈妈威逼恐吓，王艾只能暂时忍辱负重般地假装在画画。妈妈觉得这样下去不是办法，便想尽办法给她找最好的老师。她对这位老师的要求是，除了绘画功底好外，还能懂得带学生，有着较高的学识涵养。

为了找这样一位老师，妈妈真是煞费苦心，为她换了一个又一个老师。直到她 8 岁那年，她遇到了人生中第一位真正意义上的老师。从此，王艾才安下心来，说什么也要把画画好。

那位老师第一次见她，便夸她聪明好看。王艾不吃这套，知道老师的夸赞，是为了拿妈妈的课时费。于是，王艾跟老师谈条件说："我不想画，妈妈逼我画。反正你是为了钱，我们做做样子好不好？"

那位老师说："样子可以做，也可以骗过你妈妈。可是你想过没有，你能骗得过你自己吗？你今天所有的偷懒，暂时你妈妈看不出来，可是 10 年都不进步，她会看不出来吗？你也看出来了，你妈妈势必让你学画画，无论你用功还是不用功，画画是逃不掉了。你现在用功，可能会不舒服，但是你妈妈会夸你，会不再逼你，你画得好了，她还会奖励你，让你去看动画片。如果你不用功，妈妈一看你不进步，肯定让你投入更多的时间去画画。孩子，你要懂得，暂时的不努力，能骗过你自己，也能骗过你妈妈，但 10 年后，你才会发现，你可能骗得了自己，但骗不了全世界，那时你活得会比现在更艰难。"

王艾并没有全部听懂老师的话，但她被那句"你画得好了，她还会奖励你，让你去看动画片"的话吸引了。她最喜欢的就是动画片，可因为她不用功画画，妈妈一直不让她看。既然老师这样说，她就继续跟老师谈判，让老师去说服妈妈，做到什么样的成绩就看一集动画片。

在动画片的鼓励下，王艾不管多么不愿意，还是拿起了画笔。虽然有时会偷懒，可确实有了静心画画的时刻。随着她的画越来越好，妈妈对她也越来越好了，她不仅可以看动画片，还可以每天放松一个小时，做自己想做的事。

突然有一天，王艾就爱上了画画。她说："凡事都有一个层级，最初学一样东西都是简单的，接着便是漫长的枯燥期，除了学习技法，就是学习技巧，等突破了这一大关，手心便能运用自如了。这时，你想画什么也就能随心所欲了。随着深入的时间越来越久，你对细节的把握就越来越好，也就越来越容易表达自己的想法了。我想，这就是对'你只有十分努力，才能看起来毫不费力'最好的解释吧。所有的毫不费力，都是因为前期的倾尽全力。"

集点成线，集线成空间，任何一件事，都离不开一点一滴的积累。聪明如小艾，她想到了隐瞒真相的办法，也为了不画画找了种种借口，可她最终还是决定踏实地做好自己眼前的事。虽然表面上看，她画画是为了看动画片，事实上她懂得了，做不好，10年后骗不了全世界。只有手上的功夫长一分，世界才会对你厚待一分，那一分又一分的积累，不是点和线时的一分又一分的积累，而是积累成空间后一次性的反馈。

我们很多时候坚持不下去，不过是急于求成，渴望在"线"的部分就获得成功，或者好容易坚持到了"线"的部分，终于熬不下去便放弃了。不仅如此，在工作中，我们也要时时谨记，哪部分是"点"，哪些能积累成"线"，哪些能把手头上的事组合成"空间"，只有聪明地做决策，才能让我们聪明地勤奋，不会沦落为无效努力。

聪明的人更应该下笨功夫，笨功夫并不笨，是人人必走的过程，他们知道这个过程必不可省，所以坦然地走了过来。而那些假聪明的人，却以为自己可以逃过一切。其实，老天很公平，你的努力一点儿也不会白费，同样，你偷的懒和无效的勤奋，也会让你输了全世界。

　　不是努力白费了，是时候还不到；不是没输，是时候还未到。

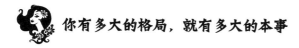 **你有多大的格局，就有多大的本事**

晚上在小区遛狗时，认识了一位女子，二十七八岁的年纪，每次晚上遛狗都能碰到她和狗狗在跑步。

我叫她小翡翠，是因为她的身上总是散发着翡翠般的光芒。她读书、旅行、身材匀称、注意保养，这样的女子总有一股想要了解她的冲动。

在这个小区里，养狗的不是很多，两只狗碰到了总会玩上半天，我们就是在这样的空隙下认识的。彼此熟悉了以后，发现小翡翠看世界的角度与常人不同。她去过不少国家和城市，在美食上不仅能融合各地风情，还能从养生的角度加以改造，吃起来更健康；她读过很多书，如果交谈时讲到了某本书，她会从哲学、心理学等角度对此解读；她还爱理财，把自己的钱理得收益很高，若不是如此，也不会在这个小区买下她人生中第一套房子。

跟她交谈，我时常被她的三观震惊到，我问她："如何才能像你一样？"

小翡翠说："提升你的格局，你才能越来越有本事。"

在这个人人都往前冲的年代，我们更注重知识的提升和训练，有时却忘记了还要提升自己的格局和眼界。

小翡翠在一家房地产公司做销售，每天面对各种客户，如果不能把前来看房的客户说服，她不会成为金牌销售。她说："说服对方，不是滔滔不绝地把房子卖出去，而是你的远见和专业能力得到了对方的认可，他们才愿意把大把资金交到你手里。"

小翡翠的能力越来越出色，认识她没多久，她便提升成销售部的组长。她实力超群，不仅客户喜欢，上司对她也十分欣赏。小翡翠认为，这一切来自她的格局和眼界，每次开会时，领导让他们发表意见，她的意见总能高瞻远瞩。而她的同事，却只能在"做更多的活动""发更多的宣传单"上提出意见。即使他们在方法上，创意不断，终究是局限住了思维和眼界。

提升为组长后，她开始学习管理，向身边做管理的朋友讨教方式方法。余下的时间，仍然抽时间读书、旅行，让灵魂和身体都跑在路上。她也有累的时候，普通人累了会懒洋洋地躺在床上休息，她累了则会请半天或一天假，来一场心灵瑜伽，与更高级的老师对话。对她来说，这样的休息才能让身体得到真正的放松，另外还能来一场心灵的洗涤，让自己领悟更高层次的格局。

她不喜欢平平淡淡的人生，她要去见识更多的风景。她说："这个世界不就是如此吗？那些追求平平淡淡的人生，只是因为他们看到了平平淡淡，不了解世界还有另外一种风情。你只有真正见识到了两种不同的风景，才能在比较之下做出适合自己的选择。要是没有更高的眼界和格局，人永远只能看到眼前那么小的世界。"

确实，努力的人、不甘心的人有很多，真正懂得提升格局的人又有几个？他们嘴里也时常讲格局和眼界，不过做的还是眼前事，让那点事限制住了去观望一下更广阔的人生。

知识和格局，有时难以分辨。许多人认为，学习越来越多的知识，就能拥有更有眼界的人生，其实不然，知识能提升的是技能，而眼界和格局更离不开价值观、人生观等一次又一次的超越。

读书、旅行、学习，有时不仅仅为了多看一个景点，多体验一种人文风情，更多的是与书本结合，打破原有的价值观，让自己再一次获得新生。

有人不赞同小翡翠的做法，认为她活得太累了。她的人生，好像除了学习外，没有其他了。有一位朋友说："人生难道不就是为了好好地享受生活吗？把自己搞这么累，这人的命真苦。"

每次有人反对小翡翠，她都会笑笑不说话。等那人走了以后，她跟我说："这个人才是真的苦。他并不知道，所谓的享受生活只是一种假象，短暂的享受，牺牲的是未来的幸福。因为每个人一睁开眼，就会面临一堆事，吃饭、工作、应酬、约会……没有大的格局，人就没办法拥有一个好的心态。那些所谓的享受，只是偶尔停下来的短暂时光，而一个格局大的人，则能在做任何事情时全身心地享受。"

是啊，只有见过更多的风景，才能知道眼前琐碎小事不算什么；只有撑大了格局，才能跳出琐碎、看透琐碎，好好地享受人生。我们明明可以做更大的事，为什么要局限住自己做眼前这点小事呢？

我有个朋友，和小翡翠是截然相反的两个人，她家庭条件不错，靠父母的关系找了一份不错的工作。如今，在父母的帮助下买了一套50平方米的房子，过着独居的生活。她不求大富大贵、豪车、洋房，只求安稳度日，岁月静好。

她所在的公司，每年都有一次晋升的机会，这个机会需要考试，除了要考与工作相关的专业知识外，还需要公司内部匿名投票，只有两项都达标的员工才能晋升。朋友劝她，试试吧，你人缘不错，只差考试了。

她也认为自己应该努力，不过她有一颗"岁月静好"的心。每次她都看书，但又不那么努力和认真，所以每次考试她总是差上一两分。我们总是为她遗憾，希望她来年继续努力。可她却说，没关系的，现在的薪水也够生活了，我很满足。

她每年也会来几次说走就走的旅行，不过旅行对她的意义不大，拍照、晒照片，吃当地美食，仅此而已。

28岁那年，她的父亲突然被检查出癌症，提前退了休。父亲不在工作岗位，她所在的公司领导与她父亲间没了利益关系，很快她在公司里遭到了排挤。

一时间她才发现，原来她之前所谓的好人缘，不过是因为家庭背景好，无人敢得罪她。现在，除了身边几位好友把她当朋友外，没人肯再真心待她。她整日哭，很无助，不知道该怎么办？

为了给爸爸治病，她卖掉了自己住的小房子，跟父母一起住。她现在每天都很绝望，渴望自己能重新站起来。

她说："假如，早些年我努力一些，那么我一定能长点儿本事，就算再跳槽也不怕；假如，我以前的人生多些丰富的经历，扩展下自己的眼界，或许就不会被这件事打倒。"

其实，她才28岁，那么年轻，一切都来得及。然而，她虽然心有不甘，却哭着跟我们说："来不及了，事情已经发生，我觉得努力也没用，救不回爸爸了。如今家里出了这种事，我更不敢换工作了，我要好好地混下去，让自己的下半生有保障。"

当她的眼界停留在"保障"上时，就等于放弃了自我成长的机会。我们都知道，她可以从头再来，她甚至明白了要提升自己，可她还是放弃了。她的眼睛看到哪里，决定了她有多少能力，过什么样的人生。

木心先生说："宇宙观是人类应当培养的第一大观，宇宙观主导世界观，世界观主导人生观，人生观主导价值观，没有宇宙观，一切价值观都没有源头。"

因此，我们应该为自己的人生找到源头，不断地提升宇宙观。只有宇宙观更为广阔，才能纵观全局地看待自己的人生。当你的格局越大，眼界越广，你才能让自己的本事配得上自己看到的世界。

试问，没有见过风景的人，如何试图去描绘那样的风景呢？你只有看到了，才能试图去表达它。

　　格局是体，本事是用，两者结合，才能活得优雅又好命。好命的女子不是人生没有坎坷，而是坎坷在她眼里不算什么。

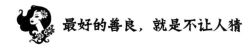 **最好的善良，就是不让人猜**

小于经常标榜自己是一个善良的女孩。

她会在天桥上往乞讨者碗里放硬币；也会在四环路上开车时，为了一只猫而踩刹车；还会主动帮助同事，与他一起熬夜加班做完手头上的工作……

她说话温柔，轻声细语，也富有同情心，或许这些是她善良的一部分。可是，她在某个方面一点儿也不善良，她喜欢让别人猜。

小于交了一个男朋友，是生物学方面的科研人员。她喜欢他的安静，喜欢他能专注地投入到一件事情中，他们在一起时，两个人即使不说话也不会觉得很尴尬。

小于是一名高中老师，带的是毕业班，加上她是班主任，工作十分忙碌。男友心疼她，一有工夫就给她按摩后背和脚，好缓解她因备课、批改作业造成的颈椎痛和站在台上讲课的脚痛。

他们两个人很相爱，经常一起做晚饭、读书、逛街。小于对他的父母很好，每周都去看望他们，还经常给他妈妈送小礼物。

这两个人在我们这些朋友眼里，是一对完美的璧人，我们都打赌他们能修成正果。小于放暑假时，男友特意请了假和她来了一场旅行。可谁知，回来后他们就要分手。

确切地说，是她的男友想分手。

我们都很惊讶，问她到底发生了什么。小于一边抽泣，一边说："你们猜。"

都火烧眉毛了，小于还在开玩笑，真的是让人着急。朋友小C随便猜了一个理由："你们吵架了？"

小于摇了摇头。

小C继续猜："他'劈腿'了？"

小于又摇了摇头。

我按捺不住了："到底是什么，你快说啊！"

见我急了，小于哭得更凶了，哭着说："连你也讨厌我。"

我顿时哑口无言，不知该怎么接话。小于抽泣了几下，才告诉我们，说："他嫌我总是让他猜。"

她把原因一说出来，我才知道小于为什么说"我也讨厌她"了。不过，一个总是让人猜的人，着实让人着急。

小于的心思，不要说男孩猜不透，就是我们女生也很难懂她的心思。她不是喜欢把任何事情都藏心里，而是就想让你一直猜下去。若不是她的男友因为"猜"而跟她分手，她的分手原因，我们可能猜上半个小时也猜不到。

小于难过地说："猜，不是一个很好玩的游戏吗？我觉得猜来猜能有话题聊，不是吗？"

对于她来说，可能让别人猜她的心思是一件很好玩的事，可对于别人来说，却是让人着急上火的事。如果我是男人，女朋友总是让我猜，我想也会抓狂到想要分手吧。

小于男朋友的父母很喜欢她，让他再给她一次机会，毕竟她是一个心思细腻，又很善良的女孩。那天，他们坐在咖啡馆，见他迟迟不说话，小于问他："我们这算和好了吗？"

他突然来了句："你猜？"

小于一愣。她常常让别人猜，却很少有人让她猜。她单刀直入："当然是和好了。"

他笑了一下，"你再猜？"

小于的脸有点儿难看了，"不想跟我和好吗？"

他的脸突然认真起来，"你再猜一猜！"

小于急了，"到底想怎样，你说！"

他突然哈哈大笑，"原来，你也讨厌猜啊！其实，你是一个善良的好女孩，可是你总喜欢让别人猜，就一点儿也不善良了。你不知道你的猜，在别人看来有多累，有多残忍。如果我们还想要继续交往，那你就改掉这个毛病吧。"

小于被击中痛处，尊严掉到了地上。她站起身，倔强地说："我就是我，为了你而改变的我还是我吗？"

说完，她扭头走了。她知道，她的爱情就此结束了，尽管她很爱他。

我们都为小于负气分手而感到不值，她明明爱他，明明已经知道错了，为什么还要如此倔强？

小于说："他给我上了很好的一课。我与他分手，不仅因为我想保留自己最后的骄傲，还因为分手了我才能意识到这个问题有多严重，以后我才能改掉。"

爱情的失败，让小于明白了一个道理，"猜"不是一件好玩的事，有可能让她失去最重要的东西。我们一直以为善良就是爱护小动物、捐款、关照老人，其实还有一种善良，就是善待身边的好友和家人，让他们不要因为你而活得累。

有一首歌是这样唱的："女孩的心事男孩你别猜，你猜来猜去也猜不明白，不知道她为什么掉眼泪，也不知道她为什么乐开怀……"

如果说小于的"猜"是个例，那还有一种"猜"，几乎每个女子都犯过。

王妙在生活里，人缘一直不好。她性格开朗，助人为乐，爱笑爱闹，无论怎么看，都不像"招人烦"的人。

可是，她就是没办法得到大众的喜爱。在公司里，同事排挤她；在生活中，她只有我们几位为数不多的朋友；在家里，甚至她的父母有时都很无奈。

王妙不是一个有错就往别人身上推的人，当她发现自己总是不招人喜欢后，就让我们从她身上找原因。可是，她明明很好啊，真不知道哪里出了问题。

直到有一天，她为数不多的朋友之一小 A 也受不了她时，我们才知道她不招人喜欢的原因，原来她是一个令人猜不透的姑娘。

小 A 因为哥哥和嫂子闹离婚，她租来的房子被哥哥霸占，只好住到热心肠的王妙家里。王妙对她不错，给她做饭，供她吃喝，就怕怠慢了小 A。

小 A 是一个情商很高的人，见王妙做得如此贴心周到，也会常常从网上购买零食，请王妙看电影，一起去游乐场……

一开始两个相处得很融洽，后来小 A 就烦了。她说："我不了解她，总是做错事，搞得我很累。尤其是每个月的那几天，她躺在床上，我给她冲红糖水，帮她敷热水袋，可她看上去仍然不满意。"

"你做得很好了。"我说。

小 A 摇了摇头说："她其实想让我帮她去买那东西，可是她并不直接说出来，而是躺在床上，不吃不喝，搞得我根本不知道该怎么办。看她情绪不对，一再询问才知道原因。还有一次，她回到家脸色特别差，我以为她感冒发烧了，一直劝她休息，可她就是不听。见她情绪一直不好转，再三逼问下，才知道她在公司里受了气……"

最后，小 A 无奈地说："王妙可能人很不错，但跟她长时间接触就会觉得很累。她是一个喜欢凡事挂在脸上，但又不直接说明的女子，这几个月，我真是受够了。"

经小 A 一番倾诉，才知道王妙的问题出在了"猜"上。

明明可以直接告诉对方答案，直抒心事，为什么一定要用"猜"的模式呢？能陪你玩这个游戏的人，可能对你是真爱，但离你而去的人，也未必不是不爱你，他们认可你的人品，却受不了你的小性格，多少友情、爱情，因为不懂对方而分道扬镳。

其实，不是不爱，不是不了解你，只是有时候猜不透，时间长了就会让人受不了。

　　谢依霖在《女人有话说》的节目中谈到爱情时说："我认为好的爱情就是两个人在一起舒服就好。不是我舒服，也不是你舒服，是两个人都舒服。"

　　我身边有许多恋人，他们明明很相爱，但就是分手了。他们累了、倦了、不舒服了，其实那"累""倦""不舒服"里，很多时候都是因为"猜来猜去"造成的。你看，善良里因为多了一个"猜"，变得有多可怕。

　　最好的善良，如同爱情一样，让人感到舒服，而不是为他人带来痛苦。

成功靠的不仅是努力和坚持

在沉积了 10 年之后，小九终于火了。这是她人生中第五本书，前几本书销量欠佳，但这一本，让她成为一名真正的作家。

她在写作圈子里混了 10 年，认识很多作者朋友。这些朋友一路走来见证了她的努力，看到她成功后，纷纷决定效仿她吃苦耐劳的精神，好让自己也一战成名。

当然，也有慕名而来的粉丝，他们不仅喜欢她，还希望她能传授成功的经验。提及 10 年浮沉，小九大脑里闪现的只有日夜在电脑前写稿的自己。

她跟大多数成功者一样，跟他们说，要努力，要坚持，我坚持了 10 年才有今天，所以你们一定不能放弃自己的梦想。

这样的话，成功者说了太多太多，于是我们以为，只要努力，只要坚持下去，总会有发光发热的一天。事实上，成功并非这样简单，仅靠努力和坚持是远远不够的。

我和小九是要好的朋友，这一路走来，我们相互扶持，取暖打气，可以说，我是她一路成长的见证者。小九确实很努力，她是报社的编辑，白天忙工作上的稿子，晚上回来写自己的稿子。有时，我半夜沉沉睡去，一觉醒来看到她还在更新朋友圈。

那时，她是一个不出名的小作者，遇到了成功的作家，也会向他们讨教经验，他们给她的方法只有一个：多写。只有多写，才能提升文笔，才能不断修正文章，看到自己的不足之处。

她听进去了，并且坚持每天写，有时找不到素材和灵感，就写一写日记，记录一下当天的心情。就这样写了大半年，最开始确实有提升，但是提升到一定水准之后，便再也上不去了。小九这才明白，原来只有多写是不够的，她必须寻找方法，让自己进一步提升。

思来想去，小九决定投稿。不经过市场的检验，不经编辑的指点，她永远不知道自己真正的问题出在哪里。更何况，在网络上写作，虽然也能被读者看到，但是只有让文字变成铅字，才能证明她是一个成熟的作者。

小九开始投稿，市面上流行的杂志，只要征稿她统统买来研究。从主题到杂志风格，再到文章的结构布局，她无一不学习。好在她的努力没有白费，半年后她的一篇"豆腐块"小文章发表了，接着她的第二篇，第三篇也发表了。

从1到2，可能只需要半个月的时间，但是从0到1，小九却努力了半年。她退稿无数，遭遇无数次拒绝，没人知道那半年里她承受了怎样的打击。她不是没怀疑过自己，甚至想过放弃，但是两三天后，她继续咬牙前行。

小九写了两年杂志，过了最初的新鲜感，日常的发表再不能满足她。于是，她有了新的决定，写一本属于自己的书。凭借自己的写作功底，小九以为，她一定能很快过稿。她通过朋友，要了几家出版公司编辑的 QQ，开始了她的写书之旅。

　　写书和写杂志，是两种完全不同的路数。为了学会新的写作方法，她又开始了新的征程。这一次，她用了一年的时间。

　　一年，对于一个写作新人来说，成功来得有点快。可对于小九来说，则充满了挫败感。在杂志上，她已算成熟的作者，怎么写书就不行了呢？那一年，她过得很煎熬，每天都在怀疑自己。可是，路是自己选择的，每当她想放弃的时候，便想到了"努力"和"坚持"这两个词。过了心理这关，她立刻将目光放到了如何提升自己上，只有写出合格的稿子，才能实现自己的理想。

　　那段黑暗的日子她不仅写稿子，还四处在网络上找编辑，她要比更多作者了解市场，了解每家出版公司的风格和要求；她结交出过书的同行朋友，发红包、送礼物，让他们帮她看稿子，指点出问题所在；她还在早上打卡群里与群友一起早起，为写作争取更多的时间……

　　小九的努力没有白费，一年后，她的选题通过了。接到编辑发来的过稿信息，她没有开心地想要跳起来，而是坐在电脑前哭了。

　　这一年来，她过得太艰难了。

　　有了第一本，很快就有了第二本，她从来不敢奢望自己红，只求自己能保住这碗饭。小九说："想要红，你要比红过的作家写得更好才有机会，而不是写得差不多就能红，所以我还要更努力。"

其实我知道，她所说的努力不是坚持下去，而是找到更好的提升自己的方法。如今，小九成功了，她很想跟每一位喜欢她的人分享她一路的成长经验，可是当她站在讲台上，她只能跟他们说：努力、坚持。

我问她，为什么不能分享经验，小九回答我说："不是成功的人很虚伪，不想说真话，而是专业上提升的方法和学习方式每个人都不同，我们没有办法在短短的几十分钟向大众阐述清楚。但是我们知道，在成长期一个人最容易放弃，因为太难了，只有坚持下去才有机会。每个人都脆弱，成功的人更不例外。"

你羡慕学霸，他们看上去通过努力就考上了重点大学，于是你也努力，多做题，多背诵。你不知道的是，他们每个人都有自己的做题方法和思维逻辑，他们靠的不仅是多做题考高分，还有另外的学习法门。

你也羡慕公司里收入高的同事，他们熬夜加班就成功了，于是你也效仿，熬夜加班，刻苦用心。你不知道他在熬夜加班时，不仅在纵向提升，还在横向成长，思考着更为深远的目标和战略。

你羡慕闺密比你漂亮，嫁得比你好，于是你也学习穿衣打扮。你不知道，她漂亮的背后，还有做女人的情商，学识修养的学习和训练。

成功的人，我们只能看到光鲜的一面，他们却告诉我们，成功的法门是努力。在这个世界上，谁都不是幸运儿，成功者也不是天生就能长出一股强大的力量，他们也跟每一个普通人一样，有着一颗玻璃心。坚持和努力，是自己坚持不下去时，鼓励自己的话，然而真正让他们成功的，是那些一步步向上提升的能力。

一个人做不到最好，就没办法享受最好的一切。因此，成功不是努力就行，而是做到最好才行。否则，很可能越努力，就越南辕北辙。

在公司年会上，小曦再一次成为年度最优秀员工。自她来到这家公司已经三年了，这三年来，她获得了三连冠。

席间，不少同事心里暗暗发酸，尤其那些老员工，更是看小曦不顺眼。要知道，小曦来这家公司时，才刚刚大学毕业，是公司里资历最浅的员工。那时，她什么都不会，仅仅几个月的时间就变成了公司里的老手，然后靠一技之长升职加薪，人生仿佛开挂一般。这样短时间内就能获得成功的女子，他们如何能不嫉妒？

更重要的是，这三年来，只要是她部门底下的工作，无论是不是她该做的，她几乎都懂。她是公司里最出名的斜杠青年，英文八级、会 PS、会简单编程、懂财务……这样一位怀揣十八般武艺的女子，人生如何能不开挂？

身为她的朋友，我常常感觉到压力。说实话，小曦是一位努力的女子，我见过无数努力者，却从来没有见过像她这般样样做得好的女子。

我向她讨教经验，小曦说："除了努力外，一方面需要你有一个好心态，无论何时都不能让心态拖后腿；另一方面，一定要跟最好的比。取法于上，仅得为中，取法于中，故为其下。人们常喜欢说，我不跟别人比，我就跟自己比，只要我进步就够了。说这话的人，往往做什么都不入流，因为在专业上太容易满足了。不让你跟别人比，是指不要拿自己的缺点比别人的优点，也不要拿自己的优点，在别人身上找优越感。但是在技能提升上，一定要跟最好的比，从根儿上把自己放到最专业的角度，这样你才有机会做到更好。记住，取法于上，才得为中，不要让自己沉浸于小进步的'其下'上啊！"

小曦一番话，我恍然大悟。花同样的时间努力，有的人只学到了皮毛，有的人一开始就学习最高级的，当然结果也千差万别。

我记得小曦曾经说过一句话，做事不一定要从最简单的入手，可以从中级部分入门。表面上看起来，这不是很科学，其实并非如此：当你从中级入手时，你什么都不懂，会花时间去恶补基础知识，在这个过程中，你的中级部分也是在进步的。可能最初学起来很吃力，但是只要能熬过去，你就是一个中级专业的人才了。相反，从初级开始，一级一级往上跳，会遇到各种过不去的坎，一样有诸多困难。两者相比，自然是"取法于上"进步更快。

一个人的成功，我们标榜的要么是熬夜加班，要么忙着存钱学习，好像吃苦耐劳，忙得似个陀螺，最后就成功了。这样的故事，往往只会出现在书里。现实中，少有人只靠努力就能成功。当然，有的人，确实是行走的鸡汤，他们一路心酸艰难，但这些只是表象。就像同样在努力，有的人在量上反复，有的人在做刻意练习，两者相比，谁能成功一目了然。

不要努力半天最终还是输了，要知道，所有的失败，是因为用错了方法。与其把时间花在无效重复上，不如去做高效能的事。

　　成功当然很难，就像努力和坚持也很难一样，如果一个人做不到努力和坚持，即使有再多的方法也是枉然。

用心，你终将过上理想的生活

　　前些天做头发的时候，在发廊认识了一位大姐。她看上去不过30 多岁的年纪，相识之后才知道，她已经 50 多岁了。

　　她烫着当下时兴的梨花头，画着精致的淡妆，她很健谈，三言两语就和我熟络了起来。大姐有一位女儿，马上就要结婚了，男方是她的大学同学，均出自名校。女儿发展得不错，长得也落落大方，大姐每天都为她女儿的婚事忙碌着。什么都要用最好的，什么都要她亲自过目才放心。

　　结婚是一辈子的大事，她不想让女儿留下遗憾。大姐说："我给女儿定做了婚纱、家具、首饰，结婚是一辈子的事，自然要有仪式感。我就是想让她知道，她配得上最好的生活。"

　　"您对女儿可真好，您用实际行动教育她，让她也成为像您一样有优雅气质的女子。"听着大姐为她女儿所做的一切，我感叹一位母亲的良苦用心。过了一会儿，她缓缓说："看你的神情，一定认为我是个有钱人吧。其实不是的，我们的家庭条件很一般。"

　　我很惊愕，一时间呆在了那里。大姐无论怎么看，都像是一位有钱人家的富贵太太，她称自己是普通人家，一定是在划分富贵等级上出了错，认为拥有过亿家产才算富贵了吧？见我不信，她笑着讲述了自己的故事。

　　大姐并不是本地人，而是早年来这座城市打拼的。在那个年代，流动打工并不普遍，她的做法让家乡的人很是看不起，说她没有嫁人，就跑出来鬼混，家乡人一直认为，她以打工为借口，做着一些见不得人的事。

　　她很委屈，只能用实际行动去证明自己活得清白。她想留在城市，希望能通过自己的努力留下来。可是她没有学历，尝试了许多工作，每一份都不够"体面"。她摆过地摊，摊过煎饼果子，还做过清洁工。她一直认为自己很争气，等她拿着钱回到家乡，却发现自己活得还不如家乡的女人漂亮。

　　她常年风吹日晒，皮肤粗糙不堪，连那些在家带孩子的女人也不如。她们劝她，在外面还不如在家里舒服，你就回来吧。

　　大家越是这样说，大姐越是不服，就越想过得好。那时，她一边打工，一边保养自己，什么都给自己最好的。她羡慕有钱人背的包，穿的鞋，更羡慕她们的闲。那时年轻，什么都不懂，靠着一股虚荣心，让自己的衣服越穿越好，包包越背越好。没人知道，她为了衣服和包包，住地下室，吃一个月的馒头和豆腐乳。

　　她越打扮越美，慢慢地有条件不错的男子开始追求她。她一心留在城市，在众多追求者中，选择了现在的老公。他是工厂的工人，虽然不会大富大贵，但是一辈子安稳。靠着丈夫的工资，跟自己打工赚来的钱，他们生活得也算安逸幸福。她爱美，但从不乱花钱，每年送自己一套衣服和首饰。她懂得勤俭持家，生活上也不浪费，现在女儿的嫁妆，都是她曾经攒下的基业。

大姐说："你看我穿得好，生活得像个富人，那是我对自己有要求。我不想让自己活得廉价，所以宁可用最好的。我身上穿的这件衣服，已经买了十年了，款式、剪裁、料子都不错，现在看上去，是不是还像新的一样？"

我点了点头，确实看不出是一件旧衣。除了衣服以外，大姐家里用的家具、餐具、生活用品，质量都是上乘的。她用几十年的时间慢慢置换，把廉价的家具、用具，都换成了最好的。

大姐是一个要强的女人，过得好是她的理想，她没办法立刻让自己过上理想的生活，一切只能慢慢来。

大姐跟我说："几十年了，许多人还是觉得我太'作'，明明工薪阶层，就该踏实的过日子，穿普通的衣服，用最实用的餐具和家具。她们确实说得有道理，可是我们一辈子活着到底为了什么？每个人都想过上好日子，可她们都觉得只有"发达"了才能过上。我偏不，我要慢慢地过上，哪怕这好日子来得晚一点，总胜过一点也不努力，现在也没过上好吧？你看多少女人，50多岁了，还不是老样子？所以，如果你想过上你想要的生活，现实的条件又赚不到那么多钱，就要学会慢慢来。时间，终能把你送达理想之处。"

大姐讲述自己的故事时，脸上神采奕奕，挂满了幸福。是啊，我们都是普通人，成功者到底是少数。如果我们成功了，想要的生活也便唾手可得，可如果一辈子也无法成功，就要学会用时间，让自己最上理想的生活。虽然有些晚，可总胜过一辈子也无法实现强。

生活中，许多人因为收入平平，放弃了追求最好的。她们一边在脑子里幻想理想生活，一边过着随随便便的人生，不肯为理想生活做任何打算。有时候，不是我们过不成想要的生活，而是自己太懒，不肯为生活多花一点儿心思。

用心，什么都能成功；不用心，什么都是一场空。

我和阿林，是在一家青年旅馆认识的。年轻的时候，我偏爱旅行，也喜欢住青旅，能结识到五湖四海各式各样的人。与他们结识，有时分享完一个故事便再也不见，有时，却能变成真正的朋友，阿林就是其中一位。

住进青旅的那天晚上，同屋女孩都在聊天，她们聊哪里好玩，哪家当地美食是特色，明天又要去哪个景点。阿林没有参与其中，而是在一旁静静地看书，从她桌子上的摆放物品和床铺被单的花色，我猜她在这里住了有一段时间了。

她告诉我，她来这座城市并不是为了旅行，而是为了考博士。她曾经是一名知名企业的员工，薪水不错，日子也过得平静安逸。家人对她的现状很满意，身边也有不少人羡慕她能进入大企业工作。可是，阿林在公司里经历了那些"明争暗斗"后，突然生出厌烦之心，一心想脱离那样的环境，转而去做学术研究。

父母说她太幼稚，身在江湖，哪能有逃避的地方？更何况，她已到了结婚的年纪，没有好工作，又如何能找一个好的男朋友。况且，考博士如此之难，她放下书本太久，谁能保证就一定考得上？阿林不信，就算考不上，至少也要给自己一次尝试的机会。她不顾父母的反对辞了职，为了避免父母唠叨，远离家乡来到了这里。

这里是个安静清雅的小地方，物价不高，生活简朴，很适合读书。她在这里认真研读，偶尔和曾经的老师联系，交流最近的学习心得。旅游旺季青旅社忙的时候，她充当服务员，帮忙打理，赚点生活费用，不忙的时候，就静心读书，一来二去，阿林和老板也熟络了，老板知道她的梦想，惊讶之余又带着赞赏。旅社老板也是一个理想家，若不是靠着一腔热血，他不会开下这家旅社。为了支持阿林的理想，他给她减免了不少住宿费，因此，阿林在这里住了很长一段时间。

离开那座小城时，我们加了QQ，希望能一直保持联系。临走前，我鼓励她一定要坚持下去，阿林跟我说："退无可退，就只能勇往直前了。"

是啊，阿林为了考博，放弃了原有的好前途，放弃了找个好男友，还放弃了父母对她的期望。她的人生无法再退回去，退回去就只能继续活在钩心斗角的人生里。不管前路多艰难，她只能咬牙坚持下去。

"我在未来等你。"

说完，我与她挥手告别。

一朝离别，各自又回归各自的生活中，我整日忙于工作，对阿林这位朋友除了学习上的问候，生活上的关心少了一些。某个阳光灿烂的午后，阿林发消息说，她的考博通过了。表达完祝福之后，她又发消息说："我发现，有时候一个人之所以无法过上自己想要的生活，是因为退路太多。她们就算失败，还能找个不错的人嫁了，还能再找一个安稳的工作，还能有体贴的父母继续捧在手心里……我什么都没有了，退回去就是死路一条，一无所有，才能一无所惧，才能只许成功，不许失败。"

很多人，离自己想要的生活差了那么一点点，这不是她们不够努力，而是她们还做不到拼尽全力。有退路的自己，会在努力时，差那么一点点，于是，离想要的生活往往也差了一口气。所以，如果我们做不到退无可退，可以学着在心境上退无可退，把自己"逼上绝路"，这样，我们才会拿出所有的努力，为自己争一口气。

真正的优雅，是不再强调自我

每次去朋友开的茶馆，总能碰到一位优雅的姐姐。

这位姐姐姓杨，是一家公司的高管。每次见她，总是妆容精致，穿着得体，说话慢条斯理。她是朋友店里的老顾客，购了许多茶放在朋友店里，见客户时，她包下单间，与客户在包间里谈工作。不见客户时，便来朋友的店里喝茶放松。朋友喜欢交友，给自己专门开了一个房间用来待客，所以每次去朋友的茶馆，茶桌前客人总是络绎不绝。

就这样，我认识了杨姐。一开始，我们并不相熟，每次见面不过聊一聊娱乐八卦，除此之外再无深交。后来见面的次数多了，才逐渐熟络起来。

除了杨姐外，还有一位有钱人家的太太，她无事的时候也常去喝茶。她和杨姐很熟，见了面便家长里短聊得很嗨。

这位太太姓王，穿着打扮很是精致讲究。不知道是不是因为她是全职太太的原因，总被杨姐数落。

杨姐说："女人最怕当全职太太。这并不是说，一个人不能闲在家中，而是闲要有闲的价值，你要多学习，多读书，有自己的思想，不然要被这个社会淘汰的。如果哪天，男人不喜欢你了，你怎么办？所以，你要为自己准备后路。"

王太太是一个白富美，就算被离婚，靠着殷实的身家背景，也不至于流落街头。王太太听完杨姐的话笑了，她端起茶杯，略带优越感地说："怕什么？他的钱在我手里，他的身家背景不如我，更何况我年轻貌美，他离开了我，上哪找比我更好的女人？"

杨姐是县城里来的女子，一个人在这座城市里奋力打拼，才拥有了今天的一切。在她的价值观里，女子就该有本事，否则就算不被男人淘汰，也要被社会淘汰。她活得紧张，活得马不停蹄，似乎只有这样才能打赢最漂亮的仗。

她继续用强势的态度为这位王太太上课："话是这样说不假，可做人总要有点本事吧？不然的话，又如何打发时间呢？总不能坐吃等死吧！"

王太太听完，脸色立刻变了，被人骂只会坐吃等死的"无用"人，任谁也会生气，不过，为了保持优雅的姿态，她还是忍住了。之前，被杨姐数落，她每次都默默地听，很少反驳。这次见杨姐越来越过分，她实在忍无可忍，展开了攻势："女人啊，再有本事，也不如有钱有姿色。我从小学钢琴，学跳舞，所以才有今天的好身材，好修养。不是有句话说，女人是家里最好的风水吗？我柔软如水，是旺夫命，总胜过苦哈哈整天喊打拼的女人，再有本事又怎样，胜男人一筹就一定赢得了男人的心了？"

见形势不对，朋友赶紧出来打圆场："今天这茶苦底重，我没泡好，你们喝出来没？"

两人听完，意识到自己失态，紧张的气氛这才缓和了下来。

这两位姐姐给我的印象一直是优雅的女人，她们一个能干、强势、干练；一个温柔、自信、聪明。她们各有各的好，各有各的美。若不是见到她们两位剑拔弩张，我以为她们能一直美下去。可是，当我看到她们两人全身长满"刺"，无论她们穿着多么考究，妆容如何精致，说话的语气如何委婉，都觉得不是那么美了。

她们很优雅，但又不够优雅。优雅不仅仅只是仪表妆容精致，背挺得直，坐得端，这样的优雅不是真正的优雅。也有人认为，优雅的女子从容不迫，不急不躁，可她们明明已经做到了啊，但还是出了问题。

这是因为，他们不懂得放下自我，不懂得欣赏别人。

海蓝也是一位强势的女子。她是一家网络公司的老板。在工作上，她雷厉风行，做事果断干练；在专业上，她斤斤计较，不允许员工出一点儿差错。我一直以为，她私底下也一定强势计较，谁知，私底下她却是一个很随和的人。

我常常跟海蓝一起喝茶聊天，知道她的价值观，跟杨姐一样，她更希望人生有一股向上拼搏的力量。她有个性，懂生活，活得十分自我。

这样的女子很容易变成生活里的"人生导师"，像杨姐一样，动不动就宣扬女性该有本事，活得自我有个性。可是，海蓝并不是这样的女子，每次朋友聚会，如果席间有全职太太，抑或追求平平淡淡过一生的女子，她都是带着欣赏的眼光。

她会听她们讲自己的价值观，也会站在她们的角度分析问题，她从来不与任何人针锋相对，更不会劝她们努力、向上，活出最好的自己。

有时，我会不解："看到那些不学无术的女子，你不会为她们着急吗？她们是你的朋友，你应该帮助她们啊。"

海蓝听完笑了，她说："她们确实应该活出最好的自己，可是你怎么知道你想要的就是别人想要的呢？在当下，每个人都特别独立，特别强调自我，认为自己是对的。于是，人们在谈话时，总是要争个你我高低。读过几本书，事业有点儿小成就，就想着展示自己的优越感，你难道不觉得这样的女子很'难看'吗？"

海蓝的话，让我想到了杨姐和王太太，她们针锋相对的样子确实不好看。事实上，我们生活中，朋友相聚时，总会遇到观点不一的人。总有人认为自己是对的，总想让别人接受自己的观点。

"可是，大家聚在一起，不就是聊聊彼此的观点和看法吗？"我有点儿无奈。

海蓝深吸了一口气："一位真正优雅的女子，一定有着某种独特的个性，是这种个性成就了她。但是，她期望全世界的女子都要跟她一样就不优雅了。当下的人，最容易犯的错误就是'我是对的，你是错的'，她们不知道，世界本来就是多元化的，你可以活出最好的自己，也应该接受多元化的存在。真正的优雅的女子，不仅自己活得很独立，还懂得欣赏别人的不同。她们坐在那里就已是优雅本身，她们不是在说自己，而是在做自己。"

我把这种做法称之为"和事佬"，因为不表达自己，一味地附和别人，或者几位朋友的观点都赞同，这样的样子也不好看呀。

海蓝给我举了一个更形象的例子——我为你好。

同事说，你要这么做，我是为你好；父母说，你要这样做选择，我是为你好；朋友说，你听我的，我是为你好……

每个人都披着"我为你好"的外衣让你按照他们的想法做，如果不做，好像你就是不知好歹。要知道，人与人之间相处，除了要姿态好看、穿着得体外，还需要懂得理解他人。因为你在劝别人时，潜台词是指别人做错了，可是别人想要的也许并不是劝解，而是理解。你的苦口婆心，不如一个拥抱；你的苦苦相劝，不如一句"我站在你这边"；你积极向上的感言，不如真心地去帮助她，让她获得成长……

是啊，生活中"我为你好"的人太多了，她们总是强调"我"，可是，这样的"我"让我们很讨厌。当你放下"我"，放下自己的价值观，去关注别人时，才能让别人感觉到舒服和快乐。这不是牺牲自己成全别人，而是用欣赏的眼光，去了解别人的思维和价值观，拓展自己的眼界和学识。

著名电视人陈虻说："没有绝对的真实，任何一种真实永远取决于认知主体。"

你看到的世界和我看到的世界不同，凭什么你以为的就是对的呢？与其跟别人争论不休，失了优雅的姿态，不如学会倾听，像个学生一样向他们请教，让自己了解更丰富的多元化世界。

"三人行，必有我师焉；择其善者而从之，其不善者而改之。"他人是一面镜子，或学习，或改之，这样，我们才会越来越优秀。如果总想强调自己，在这面镜子里，也会照出我们最丑陋的样子。

婚姻里，你会优雅地经营吗？

　　我住的小区楼下有一家服装店，店主是一位女老板，她年纪不大，不过二十六七岁的样子，却早已嫁做人妇。她有高高的颧骨和鼻梁，爱笑，也爱把双臂抱在胸前，看上去是一个强势的女人。有时候我下楼遛弯，看到她的店里上了新货便会进去转一转，转得次数多了，也就熟了。

　　她的店常常开到晚上八九点钟才关门，晚饭便由她老公做好再带到店里。那时，正是遛弯的高峰期，有时饭送到了她也未必吃得上。

　　有一次，我去她店里转转，正好听到她对着她老公抱怨："你看，我都站了一天了，能不能体谅我一下，以后学着卖卖货。"

　　客人刚走，她往嘴里扒拉了一口饭，又不满意了："我说了一天的话，嗓子又干又痛，你就不知道给我熬个汤。唉，你永远都不懂得心疼女人。"

　　男人脸色虽然不好看，还是温柔地安慰了她："好，知道了，老婆你辛苦了。"

　　看她老公如此老实又贴心，心里多了几分羡慕。她看我正看她，冲我吐了吐舌头,然后笑眯眯地跟我说:"咱们女人多苦啊,得顾家,又得工作,还得带孩子,你不给男人说这些苦,他永远都不知道体谅你。"

有一位客人,无意中听到了我们的对话,也加入了"讨论大军":"是啊。我家老公下了班回来,就知道玩手机看电视。我唠叨几句,他就嫌我烦。虽然我是全职太太,可是在家里洗衣做饭带孩子,一点儿也不轻松,他就是不懂得体谅我。"

身为女人,当然理解女人的不易。且不说全职太太,有些女人就是在外面工作一天,回来还不是照样要洗衣服做饭?男人也上班,回到家却能轻松很多,想想女人真是家庭中付出最多的那个。

聊天的次数越来越多,跟这位女老板便越来越熟悉,有时她店里没上新货,也会进去聊聊天。时间一久,发现她的委屈更多了。

有次是个周末,她老公去公司加班,下午三点忙完赶回来,女老板劈头盖脸地一顿抱怨:"大周末的,我不让你去加班你非要去,今天店里忙死了,我一人忙前忙后,现在午饭也没吃,我缺你那点加班费吗?"

我以为男人会像往常一样安慰她,体贴地说"老婆辛苦了",谁知,这一次他发生了翻天覆地的变化。男人听完,气呼呼地把手里正在整理的衣服摔到地上:"够了。你有完没完?全天下就你辛苦,就你委屈,谁活得容易啊。我白天上班,晚上回来做饭,收拾家务,周末还要去加班，你体谅过我吗？你只想让我看到你付出了多少，你有想过我为这个家付出多少吗？我说过吗……"

女老板听着男人的话，眼睛里的小火苗烧得更旺了。她向来不是一个柔弱的女子，看到自己的男人跟她顶嘴，说出来的话便更凶猛了，多年前的事一件件地被抖落了出来："姓吴的，你有没有良心，我不顾父母的反对嫁给你，不嫌你穷跟你裸婚，你竟然不懂珍惜。你做了什么，我当然看得到，只是希望你能更爱我一点，对我更好一点，我的要求过分吗？我为了让我们过得更好，辛苦地盘下这个店，从最初每天赔钱，到现在赚的是你工资的三倍，你难道做得不该多一些吗？还有……"

见他们吵架，我上前劝解，让他们都少说两句。他们给我面子，双方的情绪都平复了不少，之后因为工作的原因，我没再去那家店了。后来等我再去的时候，女老板平静地跟我说，她想离婚了，这一路她走得太辛苦，原本以为找了一个爱她的男人，却发现根本不是。而她的男人也很委屈，一直以来他被压抑得太久，离婚或许是一种解脱，他答应了。

得知他们离婚的消息，双方的父母匆匆赶来，劝他们以大局为重。在家人的逼迫、施压下，他们最终没能离婚，但是看得出来，女老板对男人没了期望，男人的眼里对女老板少了最初的温柔。

父母说，他们有个孩子就好了。女人决定听从父母的意见，正在为怀孕做着准备。可是我们都知道，有些东西变了，终究是修补不好了。

在婚姻关系中，每个人都活得不容易，都认为自己才是付出最多的那个。他们都是心甘情愿付出并无怨言，只是希望自己的付出能被对方看到，获得更多的关怀。可是，有些付出男人未必看得到，就算看到了也不一定会表现出关心和关爱。无奈之下，我们只能向对方索要，拼命地去诉说自己为这个家付出了多少。

一开始，他们会说"老婆辛苦了"，后来会说"好了，我知道了"，再后来要么默不作声，要么烦躁地说上一句"你烦不烦，我容易吗？休息一下怎么了？"

有些东西，我们越是要，便越得不到。相反，那些不去刻意要的人，说不定能获得男人的关怀。

白雅是一个简单干练的女子，她做事从不唠叨，也从不委屈。白雅结婚 6 年了，婚姻幸福，生活里也没有那么多磕磕绊绊。她在家庭中，从不讲自己付出多少，反而把男人的辛苦看在眼里。她倾听他工作上的烦恼，并为他出谋划策，如果自己想不出办法，便会苦心学习，让自己尽量成为他的好帮手。她懂得向他说甜言蜜语，"我爱你""老公辛苦了""老公真棒"经常挂在嘴边。她为他制造浪漫，他的生日，每一次重要的节日，都是白雅送他礼物，给他制造浪漫。

身为白雅的朋友，有时会看不起她，现在都什么社会了，竟然还有她这种把男人捧在手里心的女人。遭到"鄙视"的白雅不仅不生气，反而很得意地说："可是我过得幸福啊。"

我很不屑："你那幸福是'低三下四'换来的。"

白雅笑了，什么也没说。尽管我知道，在婚姻里白雅付出了太多，但是我也知道，她老公对她很好，关爱一点不比白雅关心他少。

其实，白雅并不是一味地委屈自己，她不高兴了也会如数地把老公的忽视说出来，说得郑重其事，说得像是一场谈判。交流完毕后，她还会为后期如何做得更好提出改进。

白雅说："在婚姻里谁没点委屈，谁不想获得体谅和关爱，可是，你去要有用吗？你要一次，他就表现好一次。在你看来，你需要他持续表现好，可是在他看来，表现好一次已经回馈给了你。最开始，他当然体谅你，关心你，安慰你，可是你持续地要，持续地发牢骚，他便烦了。你做得越多，说得越多，他不仅不会感激，反而会认为是最正常不过的事。试问，在婚姻里，哪个女人不做家务，不工作，凭什么你就委屈了？"

我有点不服气："每个女人都辛苦，他们怎么不好好看看，反而认为是正常呢，这更要好好地说了。"

白雅摇了摇头："许多人就是因为不服气，一味地要争个高下短长，让两个人越走越远的。我们要做的，不是发泄情绪，也不是去争，而是解决问题。同样是做了，干吗不做得让男人欣赏，让男人舒服呢？其实，做同样多的家务，你只要比平常多用点心，他自然能感觉得到。他即使不表现出对你的体谅与关爱，心里也是幸福的，然后才会更珍惜你。你做的菜品精致，你懂得为他制造浪漫，你比任何人更关注他的付出……他只会认为，你是知音，你最懂他。"

"可是，做久了，不也会变成习惯，就无视你的付出吗？"我问。

白雅回答我说："是的。所以，这时就要把他对你的无视积攒起来，一次说个痛快。不过，说的时候要给男人留面子，一定不能是抱怨的语气，而是家庭出了问题，我们共同来解决家庭问题的口气。"

听完白雅的话，我大叫苦："两口子过日子，还要费尽心机，真的是太累了。"

白雅给了我一个白眼："难道，整天抱怨地过日子不累吗？两个人如果为了孩子不得不在一起，为了父母不得不在一起，那样的日子就不累吗？与其抱怨，不如想想婚姻的解决之道。我结婚 6 年了，不是越过越累，而是越来越轻松幸福了。因为在解决问题时，他越来越清楚我要什么，慢慢地两个人就会变得越来越和谐。"

换位思考一下，如果一个男人整天跟你抱怨苦，期望获得体谅，你最开始可能会体谅他，关心他，但是抱怨得久了，一定会破口大骂："男人难道不该赚钱养家养孩子吗？"

事实上，在很多男人看来，女人做家务，辛苦也天经地义，不如学学白雅的做法。我们常常说，婚姻需要经营，可我们很少认真地去经营婚姻。

经营婚姻，经营的是什么？是两个人的感情，是情感和生活出了问题后，一起寻找解决之道的过程。经营婚姻不仅需要方法，还需要高情商，为了下半生活得更潇洒和快乐，我们都应该重视起"经营"来。

　一份幸福的婚姻，是女人最大的成功。你不主动"经营"，就要被生活"经营"，一个是主动出击，一个是被动接受，孰重孰轻，我们要自己去掂量。

我不需要"有趣"的人设，更想要一个自在的人生

突然有一天，朋友玛瑙向大家宣布，她要变成一个有趣的人。

有趣，是一个经常见到的词。人们常说，做人要有趣，有趣的灵魂万里挑一，有趣的人更招人喜欢……

可是，怎样才算有趣？

玛瑙对有趣的解释是："我是一个死板内向的人，一直不招人喜欢，所以才想变得有趣。在我看来，有趣就是懂得幽默，做人有情趣。"

听她说着"有趣"的话题，我开始自动脑补那些幽默风趣的人。他们能跟任何人谈笑风生，逗得周围的人哈哈大笑；他们热爱生活，旅行又读书；他们思维敏捷超前，生活多姿多彩，全身散发着独特的气质……

有趣的人确实招人喜欢，有趣的灵魂更是精致独特。人人都想变得有趣，玛瑙因为自己死板而苦恼也是理所当然。为了变得有趣，玛瑙每天沉溺于各种如何变有趣的技术贴里。从语气、语调，到一句话如何峰回路转、抖出"包袱"，玛瑙都会根据帖子勤加练习。

除此之外，她增加了许多业余爱好，读书、画画、写书法，有时还会在案头插上几枝花。她甚至开始旅行，期望自己像写游记的女子一样，让灵魂在路上散步。

经过不断地学习，玛瑙发生了一些变化。她之前说话有一说一，现在却学会了"油腔滑调"，不时加上几句荤段子。她读了一些书，说话会夹杂一些书中背下来的句子，以示自己是个文化人。她去了几个小地方旅行，每次聊天的话题确实宽泛了不少，不过也只能讲一讲一路的经历，话题依然狭窄。

我不知道玛瑙是不是变得有趣了，只是觉得她已经不是她了。朋友小 A 见她越来越不着调，劝她说："玛瑙，你能不能活得真实一点儿？你这样去学别人，不累吗？"

玛瑙理直气壮，一点儿也不觉得自己做错了："技术帖上说了，只要多加练习就能变得自然。我现在刚刚开始，你们当然不习惯，等我大脑形成了那样的思维模式，就浑然天成了。"

我和朋友没再接话，因为我们知道，再说下去玛瑙就会伤心了。

玛瑙是一个内向的人，之所以想要变得有趣，是因为之前她在内向方面吃了亏。她不爱说话，相了一次又一次亲，结果男方多是因为她太内向而拒绝了她。她做人古板，在公司里只能做简单制表、打字、打印等基础工作，需要与人协作的工作做起来很吃力。另外，她没有什么兴趣爱好，最大的爱好就是吃和发呆。

上大学时，内向的性格对她没什么影响，等工作以后才发现，无趣的人吃不开，甚至会成为人生的绊脚石，所以她想要自己变得有趣。

许多人学习情商，学习讲话，不断地挑战自己，他们都做到了，玛瑙认为自己也能做到。她在重新塑造着自己，连骨带肉，一点点地剔，尽管脱胎换骨很痛苦，可痛一次总胜过后半生碌碌无为。

半年后，我们发现玛瑙发生了很大的变化。她变得自信了，变得开朗了，工作也换了岗位，除此之外，她还交了男朋友。

她的小幽默，小风趣很讨男人喜欢。她认为自己成功了，达到了浑然天成的地步，她为自己的成功而沾沾自喜。

在外人面前，她保持着"有趣"的人设，可是走到最好的朋友面前，她依然是那个不爱讲话，只爱发呆的女子。与之前不同的是，那时发呆是一种幸福，现在发呆变成了一种放松，她装得有点儿累。

玛瑙天生是一只"闷葫芦"，在成长的过程中，非要加上模型变成一只"人参果"。那果子"外形"确实很好看，可是我们都知道，她改变不了"葫芦"的本质。

"有趣"的人设，如同人参果模具，玛瑙扭曲了自己，她成功了，却失去了快乐。

每一篇文章、每一本书都在告诉我们，到底该做什么样的人，什么样的人最成功。我们不断地模仿他人，试图让自己变得越来越优秀。可是我们不知道，这样的优秀换来的是什么，但是不知不觉中，我们变得不那么快乐了。但是，我们又不能停止学习，只能一路向前，错的也是对了。有时候，这个世界就是这样矛盾，我们总是想要物质又想要梦想，想要面包又要爱情。

如同，想要变得有趣，又不想失去自己。

琥珀是一个有智慧的女人，她 37 岁了，人生走了大半，许多事都看开了。

我常常说，她活得像个古人，她没有微信，没有微博，亦不用QQ。我和她联系除了见面，就是打电话或发短信。

可是，她又无所不知。微信朋友圈里的新闻，她总能第一时间知道。我很是奇怪，问她如何得知的，她很平静地说："只要我们还与人接触，这些新闻就总会"跑"到耳朵里。广场上、菜市场、公园里，聊的不都是这些话题吗？除此之外，与朋友相见，讲的也无非是这些事。我不用去刷那些内容，也能知道十之八九。"

有时，我也会问她如何看待当下，尤其玛瑙这样的女子，会被各种观点绑架，她们看似活出了一种新的自我和人生，可是却又失去了太多太多。

琥珀说："曾经，我不也是那样的女子吗？"

琥珀说，自己曾经是一个活泼外向的女子。上大学时，她爱上了校草，可校草却喜欢温婉安静的女子。为了爱情，琥珀改变了自己。她收起放声大笑，留起长发，牛仔裤也换成了及膝白裙。那时的她，不管自己是不是开心，一切只为让他开心。只要他喜欢，她便是开心的。

就这样，校草爱上了她，他们成为学校里人人羡慕的金童玉女。大学毕业没多久，这对璧人便结婚了。

步入婚姻后，琥珀得到了她想要的爱情，慢慢地她真实的一面也凸显出来。她放声大笑，穿着干练，甚至想要去剪掉长发。她一点点地变化着，试图让他喜欢上开朗活泼的女子。可这样的女子，只会让他心烦，认为不够淑女。

　　琥珀很矛盾，做自己，不做自己，都不开心。终于有一天她再也撑不住了，独自一人来了一场说走就走的旅行。

　　在旅行中，她参加了为期一周的灵修班。在那次灵修中，琥珀找回了真正的自己，同时她内心的压力也得到了释放。

　　琥珀说："在那次灵修中，老师说，你生来不是为了成为谁，而是要做到最好的自己。你以为，改变自己，像某某一样，就是做到了最好的自己，事实上，那样的你从来不是最好的自己。你从不分析自己，只要是缺点，就想改掉，从来不想去接纳。要知道，改掉和接纳，呈现的结果都是改掉了缺点，但两者却有天壤之别。当你从心底接纳自己的缺点后，你会自我和解、消融，然后去成长，这个过程你感觉到满足和快乐；如果想要改掉，便是你与自己对立起来跟自己较劲，两个我在争斗，你当然会痛苦。你之所以不快乐，是因为，你看到好的，就简单粗暴地想要；看到不好的，也简单粗暴地去修正。不要忘记，你除了性格好不好，外表好不好看外，还有心呢。你的心，告诉你不快乐，可是你却从不管它快不快乐。"

　　琥珀的一番话，让我想到了简单粗暴的玛瑙。她讨厌内向的自己，讨厌那个不爱说话的自己，于是才想改变。她改变得越多，心就越难过，久了心理很难不出现问题。当"有趣"成为一种流行，人们无形中都在改变着自己的语调、语气、性情……

明明不爱读书，但因为有用，便简单粗暴地逼迫自己去读书；明明不喜欢打某款游戏，只因为身边的人都在玩，也逼迫自己去打一场；明明不愿意与人聊天，但为了提升自己的说话技巧，便逼着自己去参加社交……

琥珀说还跟我说："有错就改是进步的保证，但一定要有一个接纳自己的过程，只有你的'心'顺了，你的人才能活得自在。"

琥珀便是那个活得自在的人，她不需要变得有趣，她本人已经足够有趣。她不是用"人参果"把自己框起来的人，而是从心底长成人参果的人。

在琥珀看来，心，是一块肥沃的土壤，种花种草它都欢喜，可是想要拔草，也要先向这片土地打声招呼，只有你尊重它，它才能尊重你。

把心哄开心了，你就自在从容了。

优雅的女子情感收放自如，优雅自成

即使爱错了一些人，也要大胆前行

　　谢朵朵失恋 3 年了，这 3 年来，无论我们给她介绍多么优秀的男子，她永远都打不起精神来。

　　她说："我再也不会爱了。"

　　不就是失恋吗，至于把自己搞得像看破红尘吗？还真就至于，有些女子在爱里被伤得太深就会变成爱无能。

　　她们再也不会爱了，她们的心，如一潭死水，比如说谢朵朵。

　　谢朵朵今年 32 岁，是一个地道的大龄剩女。她在一家四星级酒店做大堂经理，有一套房子，日子过得逍遥自在。

　　她读书、练瑜伽、旅行，什么都好好的，唯独感情这块是个巨大的空白。对于我们这些朋友来说，这不是什么大问题，只要一个人活得开心快乐，独身主义并非不可。可是，谢朵朵的父母却整日焦虑，他们的姑娘越优秀，他们就越觉得，她再不嫁个好男人就可惜了。

　　眼看谢朵朵的年纪越来越大，她的父母找到我们，希望我们劝劝她，让她考虑一下感情问题。她就算不能跟男方坠入爱河，至少有一个婚姻，好让她下半辈子有个依靠。

父母那一代的婚姻，没有爱情不算什么，即使只见过一两次面的陌生人，也可以相守一辈子。可我们这一代人，如果没有爱情，婚姻里终究少了些什么。爱情对于谢朵朵来说，是必不可少的一部分。如果她不能爱上那个男人，她宁可单身一辈子。

为了谢朵朵的幸福，我们才开始张罗相亲的事。她相了一个又一个，始终没有遇到让她心动的男子。当她说出那句"我再也不会爱"的时候，我们才知道，多年前的那段爱情，在她心里从未抹去。

6 年前，谢朵朵被提升为大堂经理，请我们几位好朋友吃饭。那天，正巧有一位朋友失恋喝得有点多，她一气之下掀翻了桌子。

事情闹得有点大，懂得公关的谢朵朵去处理问题，碰到了那家饭店的大堂经理。谢朵朵靠专业能力征服了这位大堂经理，他对她颇为欣赏，又是请吃饭，又是送礼物，而谢朵朵正巧也喜欢上了他，没多久两人就在一起了。

两个大堂经理相爱，曾经一度成为我们热于谈论的八卦，同时也感谢那位掀翻桌子的朋友，若不是她，也不能成全这段"孽缘"，那时我们都以为是天赐良缘。

他是一个穷小子，当上了大堂经理后，更是爱钱如命。除了追求她时花了一些钱外，他们正式交往后，多数是谢朵朵请客花钱。他说，他要存钱买房子，给谢朵朵一个家。谢朵朵感动了，觉得他是天底下最好的男人。

在遇到他之前，谢朵朵谈过两次恋爱，她对他们谈不上喜欢，也说不上不喜欢，最终谢朵朵都以工作忙没有时间谈恋爱而分手了。

遇到他之后，谢朵朵说："原来之前工作忙都是借口。只有遇到了真爱才知道，爱一个人是没有理由和借口的，只想跟他每时每刻都在一起。"

爱情是盲目的。人们常说，在爱情里女人的智商是负数，谢朵朵也不例外，聪明的谢朵朵在他面前也变成了傻子。

他说，要给她一个家，她信；他说，他加班，她也信；他说，微信里的女人只是一个难缠的客户，她还是信……

我们都劝谢朵朵，不要太相信他，因为在这段感情里，他除了得到几乎没有付出过。可是，被爱情冲昏头脑的谢朵朵根本不听。

谢朵朵知道他要买房子，她便偷偷攒钱，甚至跟父母要了20万，买了人生中第一套房子。当她想把这套房子当作礼物送给他时，却发现他竟然劈腿了。

微信里的女人根本不是客户，而是他追求的对象。他确实攒下了房子的首付，不过是为了那个女人。

谢朵朵决定原谅他，可他却早已厌烦了她，抛下她去了那个女人所在的城市。原来，那个女人家境不错，他追求她是贪图她的财产，而他送她房子，不过想让她看到他的真诚。

刚分手那段时间，谢朵朵自我安慰地说："他根本不爱她，只是为了她的钱。"

没多久，他们订婚了，谢朵朵在微博上看到他一脸幸福的样子，哭着说："看得出来，他爱她。"

再后来，他有了一个男宝，成了居家奶爸，谢朵朵这才彻底死心。不仅对他死心，对爱情也死心了。

因为爱错，再也不会爱；因为爱错，再也不敢爱。生活中，有太多女孩被爱情伤透了心后，再也不敢投入到爱情中。在她们看来，只有与爱情保持距离，才能更好地保护自己。

谢朵朵说："我对男人已死心，与其在男人身上花心思，还不如去工作，只有工作才能给我安全感。"

我劝她："在爱情里，谁没遇到过几个不靠谱的男人呢？何必为了一个歪脖树，而放弃整片森林呢？"

谢朵朵突然哭了："我知道我病了，可是没办法自我治愈。每次有男子对我表示好感，我敏感的心会立刻发出警报，告诉自己要远离他。如果我对某个男子有好感，大脑也会释放出同样的信号。我不喜欢一个人，却又害怕两个人。"

这个世界上，有"重新再来"的勇气，也有"吃一堑，长一智"的智慧，而在爱情里受过伤的人，到底要重新再来，还是应该"长一智"懂得自保呢？

我的朋友菱语说："即使爱错了一些人，也要懂得大胆前行。因为你不重新开始，很难再增长下一个智慧。"

朋友菱语是一位图书翻译，每天有一半的时间放到了工作上。她工作认真专注，许多出版公司都愿意与她合作。尽管找她的公司很多，可她还是推掉了一些工作。在她看来，赚钱固然重要，好好生活和好好地谈恋爱一样重要。

她 28 岁的年纪，谈过四次恋爱。初恋是她的同班同学，那时她只有 16 岁，正是人生中最美好的年纪。只是她没有想到，十多岁的花季也有着诸多现实的成分。她被甩了，原因是，他找了一个更有钱的姑娘。分手时他说："我想要一个更好的未来，不想将来跟你在一起吃苦。"

　　如果菱语手里有把枪，一定会把他枪毙了！身为一个姑娘，不嫌弃他家境贫寒就算了，他竟然有脸嫌弃她？人生选错一步，真是什么恶心事都会遇到。

　　菱语的第二段爱情，发生在大学里。这一次她爱得小心翼翼，为了杜绝男生为了钱而弃她而去，千挑万选找了一个富二代，以为这次不会再犯上次的错误，谁知却栽在了女人的温柔乡里。如果说上一段爱情，是被迫于现实，那么这一段爱情则被迫于美貌。他经不住那些女孩的诱惑，更不甘心寂寞。

　　两段爱情的失败，让菱语对爱情失望了，确切地说，她对男人失望了。那时，她已长大，身边的闺密也经历了爱情的失败，她们综合考量之后得出的结论是，男人靠不住。

　　男人既然靠不住，一切就只能靠自己。她开始拼命工作，拼命学习英文，一口气拿下了英语八级，成为一名专业的翻译。

　　26 岁那年，菱语遇到了一个令她心动的男子。他是她的客户，她陪他云国外考察一个礼拜。短短七天的时间，她已经爱上他。

　　他的眼睛是小小的单眼皮，像极了林俊杰，他笑起来有浅浅的酒窝。回国那天，菱语在飞机上唱："小酒窝长睫毛，是你最美的记号。我每天睡不着，想念你的微笑。你不知道，你对我多么重要，有了你，生命完整得刚好……"

他不傻，听出了她的心声。她还未唱完，他的手已扣住了她的手。那一刻，她有了天长地久的感觉，只觉生命永远停留在那一瞬间就好，到死都值了。

一个浪漫的开始，却并没有浪漫的结束。他们仅交往了一个月，菱语便接到了他女朋友打来的电话，菱语受到了打击，像一个第三者一样落荒而逃。

后来，他找过她，只是她与他再不可能在一起了。

菱语有点儿恨自己，恨自己明知道男人靠不住，为什么还要去谈恋爱呢？如果前两次受伤因为无知，那么这一次则是活该。她骂自己幼稚，骂自己不长记性，她甚至暗暗地告诉自己，再不恋爱。

直到菱语再次遇到令她心动的男子，她经过一番纠结才终于开释。其实，心死的女子也会遇到爱情，只不过这种动情会让她们第一时间想到伤痛，然后便放弃了再给自己一次爱的机会。

菱语说："在爱情里，我们确实应该'吃一堑，长一智'，但这并不表示从此就要失去爱的能力。我们在爱情里要增长的，不是盲目地自我保护，而是识人的能力。天底下，还是有不少好男子的，我们应该学会去发现，去遇见。男人就不想要爱情吗？当然想，其实，他们也渴望遇到一生值得爱的女人。如果你认为这个人是对的，就要给自己机会。我记得张小娴说过：'是的，一个人也可以，但是，要有两个人才会甜蜜。'要知道，幸福不是拒绝而来的，一定是争取而来的。"

如今，菱语遇到了第四段爱情。她勇敢地去追求他，向他表白。在爱情里，她不仅没有因为受伤而退缩，反而更加大胆了。

她说："已经失败过那么多次，当然不怕再失败一次。"

是的，恋情失败是痛苦的，可是，长久的自我麻木，遇到爱情就逃避，其实也是痛苦的，只不过，一种是投入后的大痛，一种是点点滴滴的小痛。小痛看似是自我保护，其实是一直不敢触碰的伤口。它一直发着炎，渗着血，如果你不愿意，这伤口可能终身无法治愈。

人们常说"拿得起放得下"，其实，"爱无能"不是不再拿起爱，而是从没放下过爱，他们的手里一直捧着曾经的过往，又如何能腾出手来去拥抱新的恋情呢？

在乎，就是在乎，不要给自己找借口。只有正视自己的问题，尝试改变，才能慢慢地去接受新的恋情，慢慢地让自己越来越幸福。

是的，一个人也可以，但是，两个人才会更甜蜜。放下过往，才能轻装上阵，大胆前行，记住，你的幸福只能靠自己去争取。

一切关于爱情的问题，就让爱情去解决吧。

爱情里，别让三观毁了你的姿态

真真失恋了，这不是她第一次失恋。我们都知道，她的三观不做出改变，很难获得幸福。

幸福是什么？在真真看来，是与相爱的人在一起，你中有我，我中有你，至死不渝。爱情，是真真的信仰，只是这个信仰，让真真过得一点儿也不幸福。

真真说："他们离开我，再也不会遇到比我更好的姑娘了。"

是的，真真是一个好姑娘，只是对她的男朋友而言，"太好"也是一种负担。

真真在高中时，交了第一个男朋友。他不是学霸，也没有坏坏的痞气，他是一个普通男孩，阳光明媚，温暖踏实。年纪不大的真真似乎有点儿早熟，她说："我不需要人人爱的学霸，也不需要霸道的坏男孩，我需要的是一个能与我相守一生的人。他的平凡，让我有安全感，我可以对他好一辈子。"

每个姑娘遇到爱情，都希望那个男生更爱自己，而真真却总是说，要对他好一辈子。

高中是残酷的，没有高分数，就意味着不能上好的大学。他一个学习成绩不上不下的男生，想要考个好的大学，有点儿悬，好在他有一颗努力的心，他想在最后一刻能拼尽全力，争取考个好成绩。真真相反，她遇到了爱情，更希望好好地守护爱情。

他去补课，她就在补课老师家门口看书等他，希望给他一个惊喜；他在教室读书，她就陪着他，不时跟他聊天享受甜蜜；他好容易休息一下，她就递上了电影票……

他要好好学习，她要浪漫的爱情。在真真看来，两个人既然恋爱，就是为了享受在一起的每一刻甜蜜。如若不是，又何必谈一场恋爱呢？

她要的浪漫，在他看来，当下并不合适，他要考上好大学，他希望她给他时间，并向真真承诺，只要尘埃落定，他一定给她最浪漫的爱情。

真真答应了，憧憬起了大学生活。为了跟他考取同一所大学，他们开始共同努力，把所有的心思都放到了学习上。等他们双双走进大学校园，他的承诺却没有兑现。因为，在大学里，他有很多事情要做，上课、做兼职……没有更多的时间陪在她身边，也不能时刻给她想要的浪漫，毕竟每一次的浪漫，都是一笔不小的支出，他是一个贫穷的大学生，那点儿生活费根本给不了真真想要的浪漫。其实，真真想要的并不是浪漫本身，而是一个把爱情看得跟她一样重的人。可见，他显然不是。

真真提出了分手。再爱，也不该在一个错的人身上浪费时间。

真真分手没多久，便遇到了第二任男友。自上大学以来，他一直喜欢她，当时，真真有男朋友，拒绝了他的追求。现在她分手了，她决定接受他，在真真看来，被爱才能享受更多的爱。

他对她确实不错，他家境好，带她去看电影、逛街、去游乐场……一切，总算有了爱情的模样。她对他也不错，她给他准备爱心早餐，亲手为他制作生日礼物，大半夜去买他最爱吃的宵夜……

他把她捧在手心里，她把他当作上天的恩赐。可是，这段爱情依然没有让他们走进婚姻殿堂。

当他们大学毕业，生活的压力接踵而来，他的重心不再是她，而是工作。不管他家境多好，一个男人总要有一份事业，好让自己活得有价值。真真不反对他追求事业，可是，当他把心思放到事业上时，在爱情上花的时间就少了，真真得不到他的关爱，在爱里受到了极大的伤害。

渐渐地，他不再随时接她的电话，不再晚上陪她去"撸串"，周末也不再陪她去看电影……夜晚，她一个人的时候，她不知道自己还有没有男朋友。她向他抱怨，希望他能多关心她一点儿，他也为了无法照顾她而苦恼着，只是，他也很累。

最后，他提出了分手。他不是不爱她了，只是给不了她想要的爱。

经过了爱情的甜蜜和男人忙碌时的孤单，真真更加确定她想要男人的陪伴，与男人赚回来的金钱相比，陪伴更重要。

在无人陪伴的日子里，真真把时间投入到了工作中。她要有一技之长，要赚钱，因为只有这样，将来她爱上的男人才不用为了生活拼事业，而没有时间和精力陪伴自己。

单身的那段日子里，她不是没人追求，只是她宁缺毋滥。多年后，真真变成了职场精英，成为一个令男人高不可攀的优雅女子。她的一颦一笑，一个眼神，令许多男人神魂颠倒。在一个周末的下午，她去咖啡厅见客户，遇到了一位在咖啡厅写作的男作家。

他一直默默地观察着她，暗地里被她身上散发出来的孤独气质迷倒。他眼尖，一眼看出她是一个缺爱的女人。

客户走后，他上前搭讪，一段爱情就这样开始了。

真真决定与他在一起时，我们很不理解，真真解释说："因为他整日在家写作呀！就算我想去旅行，他也不用刻意向公司请假，无论我想做什么，他都有时间陪着我，这不好吗？"

只要两个人是相爱的，只要真真过得幸福，没有什么是不好的。只是，真真把作家这个职业想得太简单了。当他为了写一篇文章彻夜不眠，当他为了构思小说必须把自己关起来，当他为了寻找灵感必须一个人踏上旅途……

真真崩溃了。

为什么，为什么没有一个男人可以给她想要的爱情？

我说："你想要的太多了。"

真真很难过："我只是想要爱情，就这么难吗？这并不是指每天要过浪漫的生活，而是他做任何抉择时，都能看到他对我的重视。只是，在三段爱情里，他们都不够重视我，他们都有比我更重要的东西，如若这样，我又为什么要跟他们在一起？"

在真真的三观里，她只有爱情，也只要爱情。虽然她不会委曲求全，也不会为了男人低三下四，可她的姿态也不好看。因为太在乎爱情，太在乎对方是不是在乎自己，她活得一点儿也不开心，更不幸福。

生活是由柴米油盐酱醋茶、朋友、家人、事业、工作、娱乐等一系列组合而成，而不是只有爱情就够了。人在不同的时间段，有着不同的侧重点，有些人在某个时间段会打拼事业，在某个时间段会注重子女，还有的时间段重视婚姻……这都没什么，也不表示从此就不爱了，只要还爱着，他们暂时的"离开"又算得了什么？因为他们迟早会回来。

这个世界上，有注重爱情的女子，就有不相信爱情的女子。她们经历了爱情"失败"后，更爱自己，懂得对自己好，她们总觉得，男人靠不住，爱情也靠不住，与其靠别人，不如靠自己，这样才能让自己过得更好。只是有时候，这些女子过得未必像她们看上去的那样好。

朋友海鸥是一个大龄剩女，31岁的她，整日忙于相亲。到了她这个年纪，她不再梦幻爱情，而是更喜欢与男人斤对斤，两对两地放到天平上称一称。

她是留学归来的财务总监，是拥有两套房产的中产阶级，是出过关于财务类图书的知名作家，还是某健身连锁店里的瑜伽教练。

海鸥活得优雅，活得精致，这一切在她看来，是她懂得为自己争取利益的结果。她是财务总监，最擅长的就是做财务。她遇到的男人有多少家产，什么职位，多高的学历，都要计算一番。那些男人，在天平上的筹码只能比她多，不能比她少。

我说："这样你会嫁不出去的。"

海鸥笑了："我的生活丰富多彩，少了男人一样活得出色，我为什么要委屈自己，嫁一个不如我的男人？"

"可是，比你强的男人有多少，你能遇到的又有多少？与其去对比家产，不如考虑一下，是否喜欢他。"我劝着她。

海鸥听完摇了摇头："我早已不相信爱情，爱情是天底下最不可靠的东西，与其期望爱情，不如多些物质，只有房子和车子最可靠。"

虽然海鸥不相信爱情，但并不表示她不需要婚姻。她想要一个孩子，想要陪着他一起成长，更想给孩子一个家。只是，婚姻的变数太多，如同爱情一样不可靠，假如婚姻出现风险，她能在离婚时为自己赢得最大的利益，假如这个男人不如她，那她岂不亏大了？

不止海鸥，每一个平凡的女子都渴望嫁给高富帅，好让自己的下半辈子衣食无忧。不少人经常有这样的困惑：我很爱他，可是他很穷，我要嫁吗？

爱情，在物质面前不堪一击。

为了给自己找一个旗鼓相当的男人，海鸥相亲了一次又一次。后来她发现，其实那些男人也在计算离婚的成本，计算自己为了这个女人赔掉一半财产到底值不值？值就娶，不值宁可单身。

人在一无所有的时候，最容易讲爱情，因为除了爱再无其他；当一个人拥有越多，反而活得越累，越不敢动感情，因为他们要预防万一，出一点儿差错都可能万劫不复。

海鸥纠结了。她即使明白不该太过于追求物质，可她就是没办法说服自己。她没有安全感，更不愿意把感情交给任何一个人。

她在相亲的路上继续寻找着终身伴侣，不知道何时才能遇见。

女人不渴望房子，更渴望一个家，男人也不希望给女人房子，而是给她一个家。我们都有对幸福的渴望，却从不敢把自己的幸福交到别人手里。事业有成、家财万贯、双科博士，当然人生风光无限，可再风光都难抵心里有一个大大的空洞。

海鸥的心空了。那些成就和身份包裹着她，在外人看来，她优雅精致，走向了人生巅峰。只有她自己知道，在爱情和婚姻里，她的姿态并不好看。她像一个饥饿的野兽，用最大的努力让婚姻填饱她的肚子。

一位女子，无论过于追求爱情，还是过于追求物质，都是不好看的。两者当然都重要，但都不能过分，过分了就适得其反。

如果你是一个追求爱情的女子，不如在爱情里加一点点物质，让生活越来越好；如果你是一个追求物质的女子，那就加入一点点爱情吧，这样能让你过得更幸福。

别让爱情和金钱限制了我们的三观，也不要让三观毁了我们的一切。不要总是强调我，总是强调我的人，人生的道路上，会充满坎坷。

爱，别将就，因为将就更难

　　琪琪最终还是把自己嫁掉了，嫁给了一个不爱的人。她说，我已经 32 岁了，再也等不起了。

　　琪琪和我从小就认识，她长得人高马大，做事更是风风火火。在爱情方面，她虽然谈过几场不咸不淡的恋爱，却从来没有遇见过爱情。所以，她不着急结婚，更不着急找男朋友，她想等一等，等到那个令她心动的男人出现。

　　可是，父母却不希望她再等了，在她 28 岁的时候，妈妈为她安排了十几场相亲，让她去试一试，说不定就成功了。

　　琪琪不反对相亲，也希望自己尽快爱上一个人，十几场相亲下来，她应酬得连笑也不会了。她开始反对相亲，认为相亲的两个人，坐在那里假装优雅绅士，这层伪装终究让他们难以真诚相待，遇到爱情的可能性更是遥遥无期。

　　为了逃避妈妈的逼迫，琪琪去了别的城市。她要在那里让自己冷静下来，说不定会遇到一段令人心动的爱情。琪琪的朋友说她傻，到了这样尴尬的年纪，还不赶紧把自己嫁掉，玩什么逃避呢？毕竟，谁也不能保证最后一定嫁给爱情，万一到了 30 岁、35 岁还没有遇到喜欢的男人，最终还不是要接受草草嫁掉的命运？

正因为有了这样的假设，许多女人在适当的年龄把自己嫁掉了。在现实面前，她们不敢等，也等不起，她们宁可与不爱的人相伴一生，也不愿意给自己一个机会。她们认为，与现实的生活比起来，爱情来得太过虚无缥缈，试问，哪段爱情最后不都一样过成了亲情呢？我们不过是跟相爱的人在婚姻里消磨感情，跟不爱的人在婚姻里培养感情，两者之间的结果最终都是亲情。

不管现实是不是残酷的，琪琪都决定等下去。哪怕她最终没有等来想要的结果，但是总胜过与不爱的人在一起消磨时间。

她在另一个城市里谈不上重新开始，她是广告策划人，在该领域有着扎实的功底，找工作时直接应聘到了主管的位置上。少了朋友的家长里短，少了父母的逼迫，她像被放飞的鸟，找到了一片自由的天空。她越来越热爱工作了，也为自己报考了研究生，在等不来爱情时，事业能更上一层楼也是不错的。

在琪琪 29 岁那年，她在学校里遇到了一位考研的新生。他去报道，她为他指路，一来二去，他们就成了男女朋友。他同她一样，都是有工作的人，偶尔来学校办事，大部分时间都是在家里看书。

她喜欢他，因为他很安静，还有他的努力。他家境一般，考上高中那年妈妈被查出尿毒症，被迫退了学。他一边在外打工赚钱，一边参加自学考试，考大专，考本科，硬生生地考上了研究生。

这样的故事，琪琪听了感动，她不嫌弃他家境不好，愿意与他一起承担。如今，他的妈妈早已去世，欠下的外债也已还清，只要他们肯努力，未来的日子一定能更好。

当琪琪把她恋爱的事告诉父母时，父母先问了他的家境，听说他一无所有，坚决反对他们在一起。琪琪在电话里哭："你们不是希望我尽快结婚吗？为什么我就要结婚了，你们却反对了？"

妈妈也哭了："因为我们希望你过得好，这样的男人，如何让你过得好？只能拖你的后腿。"

妈妈以死相逼，琪琪最终与他分了手。不是她太过无情，实在是她无能为力。与他分手后，她回到了家乡，那时她已经 30 岁，内心还是期望能与喜欢的人在一起。琪琪还在等，父母又不同意了，再次逼她相亲。在她 32 岁那年，琪琪抵不住压力，最终还是嫁了。

那个男人家境不错，工作不错，大家都说，若不是琪琪求学耽误了结婚，她一定不会遇到如此优秀的男子。结婚那天，我们去参加琪琪的婚礼，琪琪很平静，脸上看不到一丝幸福的样子。

我私底下问过琪琪，怎么就等不下去了。琪琪回答我说："我不能太自私，父母要考虑，自己的年龄问题也要考虑，除此之外，未来的生活更得考虑。之前是我太幼稚、太梦幻了，还是朋友说得对，女人等一段爱情的结局是把自己草草嫁掉。"

在人生的路上，我们都会遇到几段爱情，渴望最终的归宿是嫁给喜欢的人。可随着时间的流逝，现实问题越来越多，我们没有等来爱情，就已心急了。多少人，一旦变成了大龄剩女就会焦虑，总怕自己再也等不来明天。

可是，草草嫁掉，就一定是明亮的未来吗？

我在今年年初认识了陆同学。一位朋友需要翻译，经人介绍联系到了她。她是一位大龄剩女，长得也不够年轻漂亮，却被大家叫作陆同学。后来，我才知道知道大家为什么这样称呼她。她因为上大学很晚，虽然年纪大了，却还像个学生，因此而得名。

她在 25 岁时考上大学，在 30 岁时考上研究生，同时拿到了美国设计学院的 offer。她的人生虽然慢了半拍，可是与普通人相比，却早先一步成功了。我一直以为，她是家庭条件优渥的女子，后来才知道，她家境贫苦，早早辍学打过工。陆同学出生在小镇，父母是普通的工薪阶层，因为奶奶意外得病，父母再也承担不起她上学的费用，便辍学去了工厂打工。在厂子里，她一待就是 6 年。

越是贫苦的环境，越能激发一个人的斗志，当她的朋友在学校里上课，她不得不打工时，她才真正开始渴望学习。她希望自己像他们一样，有一天能考上大学，过正常的人生。

上班不忙时，陆同学自学高中课程，苦练英文，熬夜点灯学习。父母看到了，心里一阵阵难过，认为奶奶的病耽误了她的前途。

她不感叹命运，反倒安慰起父母来："若不是经历了奶奶的事，我在学校里还是那个贪玩的孩子呢！现在挺好的，我要靠自己的努力过正常的人生。"

在陆同学眼里，上大学就是正常的人生，早早辍学的人生，总感觉缺失了什么。为了赚学费，她跟父母要求，自己上班得来的钱能攒下一部分，好为自己的将来做打算。父母本就对她有亏欠，自然不会再说什么。就这样，在她25岁那年，她从小镇考到了城市，靠着自己的双手获得了第一步成功。

来到学校，她素面朝天，不打扮，不化妆，也不买新衣服，工作的积蓄不多了，就找些发传单之类的工作。她每天除了上课，就是发传单，累得回宿舍倒头就睡。陆同学说，她当时特别羡慕同宿舍的姑娘，每天穿得漂漂亮亮的，她羡慕那种家庭条件优越的小孩，也羡慕她们还年轻，更羡慕她们有时间谈恋爱。

上高中时，她暗恋同校的男生，只是她还没来得及表白，一切就已结束。辍学那几年，她又忙着考大学，更是无暇顾及感情方面的事。等她好容易来到大学，终于有了谈恋爱的机会，可是她横看竖看自己，都太土，太不惹人注目了。

为此，她只能更加努力地学习，将大把时间放到如何让自己变得更优秀上。只有这样，她才能在人群中被注意到，才能遇到爱情。

她靠着不错的英语基础，开始考各级证书，在大学里开始了翻译的工作。而这份工作，也让她见识了更多的人，让她有了更好的成长。如今她年过30岁，我一直认为她早已有了男朋友，后来才知道，她至今单身。她的理想是成为一名翻译官，为此她一直努力，遇到喜欢的人也错过了。

陆同学也有来自家庭的"逼婚"压力，30岁，已不再年轻，就算事业获得成功，没有婚姻又如何幸福一生呢？父母逼着她结婚，身边的人劝她找个优秀的男人嫁掉，她现在不缺钱，身边也不缺好男人的追求，为什么就是不肯步入婚姻呢？

陆同学说："因为爱情。这一路，我一直在等自己，现在我成功了，也该去等一等爱情。"

父母不同意她的观点，认为她现在还有人追求，如果年龄再大些，便是无人要的老女人了。陆同学听完，笑了："当初，我25岁考大学，也以为自己已经错过了最好的机会，可是只要肯等，不是也等来了成功吗？我现在年龄大了一些又怕什么？只要有一双慧眼，愿意静下心来等待，又怎知等不来爱情呢？"

陆同学还告诉我，成功就是来得慢，对的人也可能来得晚，可是中国有句古话不是说"好饭不怕晚"吗？与其随便找个人嫁了，在婚姻的琐碎里消磨光阴，不如高质量单身，等一等更优秀的自己，同时也等一等那个对的人。

草草地结婚，也许可以让自己解决婚姻问题，但新的问题也会接踵而来。人们常说，到了一定的年龄就要结婚，这是身不由己，必须顾全大局。可是，结婚了，也不等于"由己"了，你依然要面对生孩子、家长里短、日常琐碎。如果我们不能主动选择自己想要的，就只能被动接受自己不想要的，婚姻也是一样。爱情里，不妨等一等，静下心来去选择自己想要的婚姻。

在这个世界上，没有谁能活得随心所欲，也不是随便找个人嫁了就能解决问题。当自己感觉身不由己时，主动选择胜过被动接受。

忘记谁说过一句话："选择能力不会被夺走，不会被丢弃，只会被遗忘。"

在爱里，不要委屈，也不要将就，将就的人生大多不幸福。与其将就一生，不如等一等，说不定下个路口，就会遇见爱情。

因为懂得，所以无所谓慈悲

　　32 岁的马姐，一夜之间变成了一无所有的女人。一天前，她还是一个拥有两套房产，一辆红色宝马迷你轿车和数十万存款的女人。看到她在一段感情里"赔了夫人又折兵"，我们真是惊掉了下巴。

　　她分手做选择时，姐妹们劝她要学会明哲保身，为了那个不学无术的男人不值得。可是，马姐却无不惆怅地说："因为懂得，所以慈悲。"

　　一句话，让我想起了民国时期的张爱玲。那时，她把全部身家交与胡兰成，独自一人选择出国，一定是因为懂得。如今，看到马姐在爱情里也做出了同样的选择，不由得一声叹息。

　　每次提到马姐这段感情，她总认为自己才是收获最多的那个人。她从三四线城市的小女生，成长为某出版社的主编，这段经历与成长大部分来自她男朋友的"功劳"。他们分手后，闺密们为马姐的付出抱不平，觉得她太傻了。马姐却说："没关系，钱没了可以再赚，给我几年时间，我依然会拥有所有。这些年，若是没有他，一定没有今天的我。我要感谢他，是他逼得我不得不成长，不得不为了养活他而赚钱。如果我遇到了一个能养我又爱我的男人，今天的我，怕是不会拥有这番成就。"

这些年，马姐俨然把自己活成了"男人"，在别人看来马姐太苦了，遇到这样的男人是她人生中的大不幸。可在马姐看来，正是这段经历成就了她。

因为懂得，所以慈悲。

因为她懂他，懂他生活的窘迫，懂他无能力，懂他热爱的音乐……所以，她只能用金钱去弥补。

在一段感情里，许多人越活越聪明，越发懂得自保，而马姐却把身家输得精光。很多时候，真不知道这样的慈悲，到底是对还是错，是爱，抑或是不爱。

对门住着一位叫小度的茶道师。除茶道外，她还擅于插花，弹古琴。七年来，她从默默无闻的小姑娘，成长为这座城市著名的茶道师，没人知道她付出了多少汗水与泪水。每个夜晚，别人早早睡去，她却独自在家，品着一道又一道茶。她像《欢乐颂》里邱莹莹研究咖啡一样，日夜不停地尝试，只为泡出真味。

与马姐一样，她有一段不堪的往事。她在 27 岁时结了婚，以为自己嫁给了爱情，当她发现自己在婚姻里越来越不堪后，她选择了离婚。

前夫是她的客户，大她 10 岁。他每次谈业务，都会把客户约到她所在的茶馆，就这样两人认识了。

他喜欢她，喜欢她的优雅与淡定，喜欢她静静地在一旁泡茶，不言不语。他借她在茶馆表现太好为由，请她吃饭。接触久了，小度发现原来他是一个与她一样努力的男人。他创业成功又失败，在别人睡着的夜晚，研究客户意向，了解国内外产品的区别，好为自己找到谈判的切入点。

他没有婚史，前半生都交给了事业。如今，他事业不算有成，本应继续为事业打拼，却在这个时候爱上了小度。

小度被他的真诚所打动，也欣赏自强不息的男人。她以为自己遇到了对的人，很快便与他步入婚姻，帮助他在事业上更上一层楼。

婚后，小度白天工作，晚上陪他一起研究产品。好不容易到了休息的时候，还要与他一起见客户，陪客户聊天、喝酒。那段时间，小度过得极为疲惫，但她觉得这一切都是值得的。因为，他们的生意越来越好，他们的客户越来越多。当他正想与她为蒸蒸日上的事业击掌时，小度却决定放弃掺和他公司里的事。

他愣住了，问她为什么，小度说："我整天出去应酬，喝酒吃菜把味觉都破坏了。今年新茶上市，我竟然品不出一款茶焖泡过后有略微的酸味。你有你的事业，我有我的事业，我们各自安好吧。"

小度一直记得，自己付出许多个日日夜夜，最终才换来高级品茶师的证书。她虽然爱他，也爱他的事业，但她也不愿意放弃自己辛苦经营的事业。

夫唱妇随的日子远去了，他整日抱怨她不顾及他，他对她失望了，怒吼她不够爱他。他开始不回家，对她不闻不问，以为这样就能让她"回心转意"。她懂他，懂他在赌气，更懂他对于事业的看重，可是小度并没有因此妥协。

终于有一天，他向她提出了离婚，试图用唯一的"稻草"，让小度服软，让她为了爱情重新帮助他完成事业理想。小度静静地看着他胡闹，他闹完，她只说了一个字："好。"然后，开始平分家产，商量离婚的事。

他有点儿不解。小度明明知道他创业不易，正需金钱的投入，为何又要平分家产呢？

小度说："我只拿走我该拿的东西。"男人被她气着了，匆匆签下离婚协议书，发誓与她再无瓜葛。

小度离婚后，搬出了那个家，暂时租了一套房子住在我家对面。因为都喜欢茶，我经常去找她聊天，于是就熟了起来。

提及她的这段婚姻，我问："你要求平分家产并不过分，为什么他如此决绝？"

小度说："因为我懂他。他还爱我，即使离婚了也会继续纠缠。平分家产的做法，对于正需要资金投入的他来说，是很绝情的。而我只有做到无情，他才会死心，这对我和他来讲，是最好的结果。"

我不明白。从小度的语气中，她分明也爱着他，两个相爱的人为什么要分手呢。小度说："世间多少夫妻离婚，并不是因为不爱了，而是因为不合适。他要的你给不了，你要的他也无法给予，与其两人纠缠一辈子，不如放彼此一马。"

"婚姻难道不就是如此吗？你谦让一步，我谦让一步，干吗要争个你死我活？"我不解。

小度想了想说："婚姻就像泡茶，茶需要水的给予才能释放最好的自己。水里多了茶，水也会实现它最大的价值。好的婚姻不是彼此谦让，而是成全彼此。"

我听完沉默了，仔细品味着小度的话。

好的婚姻与爱情，也是一种给予的平衡。假如马姐能够明白，她就不会让自己的男朋友变成一个无用的人，也不会一个人拼命付出许多年。表面上看来，是他成就了她今天的事业，但他们一直在彼此谦让与索取着。她谦让着他的胡闹，他索取着她的爱，最终让他们这段爱情走向终结。

马姐说，她懂他，所以甘愿付出所有。可是，真正的慈悲不是给他最好的财富，让他继续沉沦，而是让他像个男人一样站起来。那些看似冷酷决绝的处理才是最大的慈悲。像小度这样，知道两人无法走到最后，果断地选择脱身而去，不做无用的纠缠，也是一种慈悲。多少爱情，因为彼此纠缠一辈子，而葬送了自己的一生？这样的纠缠，又有何意义呢？所以，彼此放过，就是最大的慈悲。

我明白了小度的意思后，对小度说："我觉得，你是真慈悲。对自己慈悲，对他慈悲，对今后的岁月也慈悲。"

小度喝了一口茶，微笑着说："因为懂得，所以无所谓慈悲。既已放下，成为过去，又何必再常常挂起。"

小度和我年纪差不多，却在品茶中品味着人生真谛。《金刚经》说："过去心不可得，现在心不可得，未来心不可得。"既然不可得，慈悲不慈悲又算什么?

　　看来我需要向小度学习的地方还有很多。就比如她最后这句话，确实要细细品味，最终才能懂得。

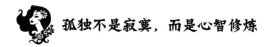

孤独不是寂寞，而是心智修炼

人生中，总有那么样一个时刻会感到孤独。可能是在热闹的人群中，也可能在吵闹的 KTV 里，还可能是一个人的时候……感觉热闹和欢笑是别人的，跟自己毫无关系，只有自己冷冷地看着这一切，明明自己也只身在热闹中，却再也无法融入这样的热闹里。这很像你看一场华丽的舞会，不管台上的女人多么优雅漂亮，你始终觉得那不是你的生活。他们的风光无法掩盖你的失魂孤独落寞，哪怕你很渴望融入那样的生活，哪怕你穿着雍容华贵，可仍然觉得，这世界与你无关。

白楠最近的生活糟糕透了。

两年前，白楠认识了现在的男朋友，他家境不错，能力超群，对白楠也很好。他们一直很相爱，从未分开过。半年前，男友因工作调整调到了外地，白楠仿佛变了一个人。

男友的离开，白楠时常感到孤独，然后就拼命发微信语音给男友，如果男友很忙，她便将语音发送到我这里。

白楠在语音里说："我很想他。每次路过我们一起走过的街道，会想到我们在一起的岁月；我觉得很孤独，不知道怎么了，总觉得被全世界抛弃了。他的离开，带走了我的心。"

因为思念男友，白楠就算跟朋友聚会，有闺密的关心，也还是无法填满她已被抽空的心。因为异地恋，她在工作上分了心，于是业绩越来越差，连续两三个月都是公司里业绩最差的员工。而她身边的朋友，却一个个活得生龙活虎，一时间，她觉得那些朋友也远去了，这让她感到更加孤独。

她每次想到这里，便会向男友抱怨一通，抱怨他不在她身边，不能好好地陪着她，让她一人承受着思念的痛苦。而他呢，整日忙工作，越来越出色，已连升两级。在白楠看来，他一点儿也不想她，所有的情话都是骗她的，不然工作怎么会如此顺利，一定是全身心扑在工作上了。

男友见她过得如此艰难，劝她放弃工作去他的城市找他，白楠却再次抱怨起来："你一定不爱我。为什么不是你为了我放弃工作，而一定要让我放弃工作呢？你明知道，我对那个城市不熟悉。"

孤独的人，心是敏感的，是脆弱的，经不起一点点现实的质疑。当男友说她不再乖巧懂事时，她提出了分手。

其实，白楠并不想分手，只是想拿分手当借口，让他回来看她一次。只要他来，她就会原谅他。

这半年来，他一边要应付高强度的工作，一边要应付难搞的女友，实在无分身乏术。她提出分手，似乎让他松了一口气，从此，他彻底离开了白楠的世界。

女生在爱情里，总是不能好好说话。想要对方的关心，直接说出来有什么不好？为什么非要用分手作借口？仔细想来，多少分手是为了想被挽留，多少分手是为了赌气？

白楠明明想要对方的关心，以为说出分手男友就会为了她，放下手上所有工作为她而来，殊不知，换来的是一盆冷水。

这盆水不仅冷，还带着冰，让白楠好长时间都没缓过来。

白楠整日沉浸在失恋中，大骂男友欺骗了她的感情。为了疗伤，她辞了职，独自一人去旅行，一个月后她回来了，但仍然没有忘记他。

白楠说："是他，让我感到了孤独。没有爱上他之前，我不知道原来一个人，竟是这样难熬。"

白楠刚和男友分手那段时间，闺密和朋友还会来安慰她，陪她一起度过最艰难的日子。如今，过去这么久了，朋友们多数投入到各自的工作和生活里，对白楠的关心也变得少了。即使偶尔的关心，也不过是朋友之间的问候。

朋友有的升了职，有的拿到了高额奖金，还有的报考了研究生……她们活得越是意气风发，就越衬得她浑浑噩噩。后来，为了让自己看起来不错，她开始假装很坚强，假装已遗忘，只是她自己也知道，她越来越孤独，与这个世界越来越格格不入。

也许，每位女子心中都有一座孤岛，或者正在筑建自己的孤岛。

在这个世界上，我们有时喜欢孤独，享受孤独，有时却被迫孤独。一个享受孤独的人是幸福的，而被迫孤独的人，却让人陷入了焦灼与恐慌中，谁也无法预知这孤独何时会走，何时才能习惯一个人。

其实，我们每个人，都是孤独地来，孤独地去。就算我们不被迫孤独，许多事依然要一个人去完成。如果无法享受孤独，不能从孤独中解脱，那么我们的一生注定活得艰难。可是，为什么有的人却能活得轻松快乐呢？她们也是一个人啊！

杨小米就是一个活得很快乐的女子。两年前，她爱上了前男友，没多久搬去了他的家里住。他给她做饭，陪她看电影，陪她读书，他们几乎形影不离。

习惯一个人，只需要一个星期，忘记一个人，却需要一个月、半年，或者更久。尽管他们好成一个人似的，但世事难料，一年后，他们还是分手了。

他狠心地拉着行李绝尘而去，把杨小米一个留在那个家里。一切都是熟悉的，屋内也还残留着他的余味，杨小米一人在偌大的客厅里哭了很久。

等我和好朋友们赶到后，给她出主意："退掉房子，重新生活。"

杨小米哭着摇了摇头说："不，我在这里也可以重新开始。他断定我离开他活不下去，那么我就要活给他看，我要比之前活得更好。"

仅仅几个小时，杨小米便重新燃起了斗志。为了付高昂的房租，她似乎没得选，只能比之前更加努力。

打那之后，杨小米早上学习英语，晚上跟朋友学习珠宝设计，朋友把她的作品修改后上架，虽然她设计的作品还达不到畅销款的水平，但拿到的几笔设计费，让她的房租有了着落。

杨小米没有让朋友失望，她确实越来越好，无论在事业上，还是在生活上。有时我也问她："你真的放下了吗？"

　　杨小米说："人生不该只有爱情，还应该花时间投入到其他事情中。如果不是他，我不会感觉到孤独，更不会想着活得更好。之前，我想活得好是为了做给他看，如今，我一个人努力的时候感受到快乐，我不再为任何人而活，只想为自己而活。"

　　有时候，我们常常焦虑自己如何才能活得质量更高，如何才能放下一个人。其实，只要你做一件事，坚持下去就好了。只有不断地做下去，才能活出高质量，才能学会忘记。我们终其一生，不是为了成为谁，而是活得越来越像自己。

　　然而，这一切都离不开孤独。

　　我的一位作家朋友问我："为什么编剧可以多人合作，而写小说却只能一个人完成？"

　　我说："编剧合作的是一部戏，然而属于个人的部分，还是离不开一个人去完成它。"所以，与其害怕一个人，害怕变得孤独，不如学会享受孤独，把孤独的时间放到更有意义的事情上。

　　杨小米说："有的人失恋了，会暴饮暴食，会去逛街，会选择做家务，好让自己忙碌起来。可是，那都不是明智的选择，如果一定要忙碌，为什么不让自己忙碌得更有意义？因为排遣孤独，也是我们必须一个人去完成的事。你最终，要在孤独中学会成长。"

　　其实，在孤独中活明白了，看透了，人也会活得更轻松，至少，心不会那么累了。所以，当你有静处和孤独的时刻，应该感到这是一次机会。因为你可以褪去面具和虚伪，思考一些平日不曾触及的思维空间，反思自己的人生和新的创造力的进化时刻。进而扩展自己的认知。在颓败沉沦之时，重新审视自己。如同音乐的高低起伏，往往震撼你的不是高阶音调，而是高音之后的回落，更让你感受到音乐之美。

也只有这样的境界，才算是身心得到了解脱，获得最终的大自在。

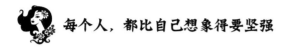 **每个人，都比自己想象得要坚强**

　　人生是一场漫长的旅行，在这场旅行中，我们难免遇到坎坷，遇到一个又一个苦难，我们以为自己溃不成军，再也无法前行，我们以为就此沉沦，只能听从命运的安排。可是不管如何选择，这场旅行我们终究要走完。与其自我放弃，不如坚强地熬过去，因为低谷过后，才是平坦的另一番天地。

　　去年夏天，迪安结束了长达 7 年的爱情长跑，她不是结婚了，而是分手了。

　　迪安一直想结婚，想要一个家。3 年前她就开始提醒他，她可以不要房子和车子，只要他能给她一个婚姻。

　　他说："给你好的物质生活，是我爱你的最好证明。"

　　迪安被他的甜言蜜语打动，原本身形娇弱的她，为了让他尽早买车买房，整日熬夜加班。那段时间，迪安明显营养不良，在一个漆黑的夜晚，她因为低血糖在公司里晕倒了。

　　我劝迪安："赚钱是男人的事，你干吗这么拼命。"

刚刚苏醒的迪安听到这句话，难过地流下了眼泪："我只是想帮他，让他尽早娶我。"

听完迪安的话，我心里一阵难过，躲到病房外面给她男朋友打电话，让他过来把她接回家。结果他却说："我还在加班，你先帮我照顾一下她，麻烦了。"

挂完电话我愤愤地想，到底是什么样的男朋友，自己的女朋友昏倒了还能安心地加班？他不爱她，一点儿也不。

迪安与他是大学同学，当初是她追求的他，正因为如此，迪安一直觉得他不够爱她，所以才想用婚姻绑住这个男人。她的预感是对的，只是她从来不敢面对现实。

她为了不再让自己晕倒，每天早上坚持跑步，为了多赚钱，晚上坚持学习。两年后，迪安不再是瘦瘦弱弱的女生，也不再是公司里的小职员，而是一个身体强健的公司部门主管。

她拥有了人生中第一部车子，当她提出买房的时候，男友突然慌了。他总是推诿不肯拿出钱来，还找借口说，当下不是买房的最佳时机，说不定房子会降价。

迪安这才发现，他从来没有想过跟她结婚。当初的房子和车子，不是他给她的生活保证，而是不爱的借口。

她接受了他不爱她的现实，但是看在她爱了他 7 年的份儿上，她还是希望他们能最终成婚。为了爱情迪安已经付出了那么多，当然可以忍受他不爱她的事实。当她步步紧逼，他开始步步后退，最终，他提出了分手。

爱情是迪安的全部，在这场爱情里，她已经把头低到了尘埃里，可是他们最终还是没有修成正果。

迪安的世界轰然倒塌，她仿佛失去了活下去的勇气。那段时间，正赶上她工作上有一个紧急的项目需要处理，因为感情的事把她压垮，导致她在工作上频频出错，总经理对她大失所望，狠心把项目交到了别人手里。

没多久，总经理找了一个理由辞退了迪安。

没了爱情，没了工作，生活一团糟，迪安以为自己活不下去了。她不仅是生活里的失败者，还是一个逃避生活的弱者。

刚失恋失业那段时间，她把自己关在家里，靠酒来麻醉自己。因为只要醒着，她就总觉得自己活不下去。

爱情，是她生活的意义，没了爱情，她要事业做什么？当初拼了命地赚钱，不过是为了满足他的愿望。

如今，一年多过去了，迪安还没能从那段感情中走出来。她说："失去他，我便失去了灵魂，现在的我，更像一个行尸走肉。"

感情的失利，让迪安再也找不到前进的方向。她在原地打转，迟迟不肯从挫折中走出来。这一年多来，她一直背负着失恋的阴影，以为爱情掏空的她的心，可是能掏空她心的人，只有自己。

她自己不肯站起来，谁也无法拯救她。她的人生，从此不再前行，而是一直蹲坐在泥潭里不肯出来。生活中，并非只有爱情，还有父母，还有朋友，还有事业和生活……但是，她把爱情看成了唯一，其他的，她都看不到，为此一直颓废着。

没人知道，28岁的杜果曾有过一段失败的婚姻，更没人知道，她曾经是一个白富美，是被那个男人骗走了所有财产，才让她变成了一个为生活不断打拼的女人。

然而，杜果从那段低谷中走了出来。她说："我们都以为自己很脆弱，其实任何一个人，都比自己想象得要坚强。"

杜果刚刚大学毕业，就嫁给了她的大学同学。他是一个穷小子，无意中得知杜果是个白富美，为了在这所城市立足，他决定追求她。

杜果从小被保护得很好，对于"恶人之心"没有一点儿防范意识。当她看到他那样热切地追求她，把他能给的最好的都给她时，她被这样的爱情打动了。

恋爱后，她第一时间告诉了父母。父母得知后极力反对，这个穷小子骗得了单纯的杜果，却骗不了见过世面的杜果父母。他的那点儿小伎俩在老一辈人面前，简直无所遁形。

许多人似乎都有逆反心理，当他们想做一件事时，越是遭到反对，就越是想要坚持下去。如同大多数被父母阻止的爱情，杜果发了疯一样地信任他，爱他，甚至为了他不惜与父母反目。

父母见拗不过杜果，便换了另外一种策略。他们表面上赞同，实则暗暗地反对。每次杜果带他回家，父母都偷偷地给杜果指出他的那些小缺点，小毛病，好让杜果对他的人品，能够看得更清楚。

但是杜果却认为，每个人都有缺点，他也不例外，对于他身上的那些缺点，杜果表示自己能容忍，只要他是爱她的，他便没有什么是错的。反而是父母的旁敲侧击，在杜果眼里，则变成了"心机"，那时她特别恨自己的父母，她不明白，为什么父母不希望他们的女儿幸福。

当她大学毕业，她便想要结婚。为了让婚礼更体面，给他更好的生活，杧果要求父母把家产分她一半。她名下要有自己的房产和家产。

为了这些财产，杧果曾经跟父母闹得很僵。我们都提醒杧果，不要太信任他，要懂得保护自己的家产，可杧果被爱情冲昏了头脑，说什么也要有自己的家产。

父母被逼无奈，在她结婚的时候，把两套房产给了她，另外还给了她上百万元的存款，希望她好自为之。

杧果结婚后，以为王子和公主终于要过上幸福的生活了。可是很快她就发现，原来他有自己爱的女人。她跟他大闹，让他们分手，他表面上答应得好好的，可在背地里依然与那个女人交往。

上大学时，杧果整天鼓吹她的男朋友对她有多好，如今出了这样的事，为了面子只好忍耐。只要他愿意与那个女人分手，她什么怨气都忍得下。当他为了那个女人骗走她所有家产后，与她离婚时，我们才知道原来杧果被骗了。

她求过他，希望不要离婚，至少为了面子假装幸福下去。可是他已经得到了自己想要的，又怎么会被这段婚姻绑住一辈子呢？

他的离开，杧果不仅失去了爱情、面子、尊严，还失去了家产。朋友的嘲笑，父母的指责，压得她抬不起头来。

如果说迪安失去爱情，输得很惨，那么杧果更是有过之而无不及，她不仅失去了爱情，还众叛亲离，满盘皆输。

我和朋友找到杧果的父母，希望他们不要对杧果太无情。她的父母老泪纵横，无奈地说：“从小到大，我们把她保护得太好了，所以才让她遭此劫难。你们放心，我们在暗处观察着她，不会让她有危险。但是，这个坎她必须自己迈过去，我们做父母的一直护着她，怕她走错路，怕她吃亏，害怕是没用的，她最终还是要自己承担后果，自己变得坚强才行。所以这一次，我们希望她能自己站起来。如果她扛过去了，以后就没什么能难倒她；如果她扛不过去，我们就把她接回来，陪着她，慢慢再去开导她。”

杧果没有借酒浇愁，也没有想不开寻短见，她确实很痛苦，痛到活不下去。可是，很快，她就意识到，自己已经一无所有了，还有什么是输不起的呢？为什么不给自己站起来的机会呢？反正已经一无所有，只要站起来便赢了。

杧果只想赢，赢回朋友，赢回尊严，让父母重新看待她，让那个男人去后悔。

有了这股力量，杧果开始找工作，开始重新学习情商、心理学等方面的课程。她要成为一个优雅的成熟女性，而不再当养尊处优的小公主。她要内心变得强大，而不是脆弱得像只容易受伤的小兔子。

如今，杧果月入 5000 元，虽然工资不高，但已学会如何一个人生活，如何让自己变得越来越优秀，越来越坚强。

杧果说：“我一直以为我会坚持不下去。其实，我们每个人，都比自己想象得要坚强。这股坚持下去的力量，就是‘自己本就一无所有，还有什么好怕'的？只要你愿意，总有机会再重来。"

是啊，人生那么长，难免会摔跤，栽跟头，但是这算什么？只要你想站起来，就有重新开始的机会。哪怕是在路途中摔断了腿，也不要忘记我们还有手，还能爬，将来还能坐在轮椅上奔跑。

可惜，太多人如同迪安，被眼下的困境绊住了手脚，就产生了绝望的情绪，迟迟不肯重新站起来。但是许多年后回头再想想，一切并没有那么难。

所以，越是遇到坎坷，我们越应该不断地告诉自己，眼下没什么，不妨想想十年后，去想一下十年后希望自己变成什么样子。自信、漂亮、洒脱、成熟……

只要你想，一切充满未知，一切皆有可能。

忍得越理性，活得越高质量

Lisa 从总监办公室出来，脸上从容淡定，她微笑地走到员工面前，安排接下来的工作，一切看起来，好像什么也没发生过。

半个小时前，她的团队刚刚被总监骂得狗血淋头，因为某个员工给客户发错了货，导致客户大发雷霆，要取消代理我们的产品。这一次退货，不仅让团队损失了几十万的订单，还损失了好不容易谈来的一个客户。

小组开会的时候，团队其他成员表达了对这位出错同事的不满："头儿，她在工作中做不了什么也就算了，谁能想到这次出这么大的错。总监知道她是总经理的亲戚，碍于面子不好意思骂她，把所有的气都撒在了你身上。你要是觉得委屈，别憋着，我们替你去骂她。"

Lisa 依然保持着优雅的微笑，让大家不要轻举妄动，毕竟都是同事，还要和平共处。不过，每个人都知道，Lisa 是委屈的，总监骂她时，她眼里明明闪着泪花，只是她忍住了即将流下的泪。

下了班，我和 Lisa 从公司里走出来，约她去了附近的餐馆。我和 Lisa 是好朋友，进这家公司做兼职也是她介绍的。我在公司里负责宣传团队运营后的新闻、广告效果搜集工作，另外还给公司写推广软文。

我当天的工作提前完成，打算把资料交给总监提前下班时，遇到了那样的一幕。Lisa 心情不好，身为朋友，我应该陪陪她。

"你当时应该说清楚，总监知道谁犯了错，他不该骂你。"我愤愤不平。

Lisa 艰难地笑了一下："她是我的下属，她犯了错，我这个组长应该受骂。"

看着 Lisa 如此淡定我有点儿心疼，谁都有情绪，我劝她，如果感觉很压抑，很难过，就应该发泄出来。

Lisa 若有所思，好像想着什么。过了一小会儿，她说："发泄有什么用？这个时候，不是生气的时候，我应该想想如何把客户争取回来。"

任何一个人的成功，都不是那么简单的。她从小城市来到这个城市，大学毕业两年，便成了这家公司的组长，月入五位数以上。当人人都羡慕她的薪水和职位时，没有人知道她还忍受了许多人无法忍受的冤枉与压力。

我的工作是兼职，每周只需去两天，等我再去上班时，发现 Lisa 正被那个犯错的同事骂。她叫来了总经理，让总经理来为她出面评理。原来，这一周里，有人看不下去，偷偷写了举报信，把她从来到公司以后犯下的错都写了下来，然后放进了董事长信箱。这样的信箱原本只是公司的摆设，谁知道董事长看完真生气了，但为了给总经理面子，只是扣除了她当月的奖金和薪水。她为此很生气，在公司里大闹一翻，非要揪出这位举报者。

信件是标准的打印稿，没人知道是谁写的，犯错的同事就把一切都怪罪到 Lisa 头上。Lisa 在全公司的人面前被自己的下属骂，当然不好受，但她还是选择了隐忍。我有点儿看不过去，冲到面前说："是我，是我举报的。那天我去总监办公室，见到 Lisa 为了替你承担责任被总监骂，心里就很为她抱不平，所以就举报了你。谁知道，你不但不懂得感恩与反思，还在办公室大闹，我看我是举报对了。"

总经理见有人承担了下来，给了大家彼此一个台阶下，才让这件事就此算了。

大家回到自己的座位后，Lisa 给我发微信："你不该出头，出头的结果是工作不保。"

我还在气头上，没好气地说："怕什么，只是一份兼职，又不是靠这个工作吃饭。此处不留爷，自有留爷处。"

我的"不忍一时之气"，下午便收到了人事部的辞退信。本来工作就是 Lisa 介绍的，如今被辞退，也算是为她做的最后一件事。

当天晚上，Lisa 为了表示感谢请我吃饭。我白天受了气，对 Lisa 一通倾诉，同时，也为她遭到不公平的诬陷愤愤不平。Lisa 听完，没有做出任何反应，她遭受到了如此不公平的诬陷，怎么能不生气呢?

见她如此逞强,我心疼地说:"生气就发泄出来,我是你的朋友,你在我面前无须隐忍。"

一个人压抑得久了,或许就成了习惯,她喝了一口酒,缓缓说:"我不是没有情绪,只是所有的情绪,不会对任何人发泄。我一个小城市来的人,上大学的时候,恰巧赶上宿舍的女孩都比我条件好。她们让我打饭、打水,一开始我不忍,也不听话,跟她们对着干,结果我被她们集体算计,还挨了学校的处分。那时我才知道,想在这个世界上活下去,情绪是最没用的东西。后来,进入职场,就更不敢有情绪了,我不能在冲动之下做出错误的决定,不能丢掉这份工作,所以只能忍。当然,一个人的时候,我也会哭,也会难过,还会找个没人的地方大声地唱《青藏高原》。"

说完,Lisa笑了,笑完又劝我说:"成人的世界,就是不冲动。你可以有坏情绪,但是要知道发泄到哪里去。你可以去店铺踩方便面发泄,也可以去打一场拳击发泄,当然还可以一个人偷偷地哭。因为我知道,这个世界很公平,你的不忍会让你陷入更加困难的境地。我们每个人都不用压抑坏情绪,但是没必要对不喜欢的人发泄坏情绪。与其对他们一声怒吼,不如让他们心服口服。"

说完,Lisa拥抱我,又告诉了我一些关于发泄情绪的保健操,还推荐了几家"发泄店铺"。

我是一个随性而为的人,或许正是因为我的随性,所以才让自己的人生走了 30 多年也没能获得成功。我一直认为，人有了情绪就要发泄出来，因为中医告诉我们许多病都来自情绪。于是，有时事情临到头上，就是忍不住。

我说："可是，有时候不对他们发一次脾气，他们会认为你好欺负。"

Lisa 突然不说话了，这是一个看上去无解的问题，好像只有适当地在职场中释放情绪，才能既不丢面子又能保住工作，但是想要把握这个度实在太难了。

面对上司的误解，谁能心平气和？当然要据理力争；男友连自己的生日都忘记，肯定会难过生气；去超市遇到插队还胡搅蛮缠的人，谁不想惩治一下"恶人"……

所以我认为，人有的时候真的不用压抑坏情绪，更不能让人觉得好欺负。Lisa 选择隐忍，然后把情绪释放给运动、唱歌、眼泪，而我更想过酷酷的人生。可能我的前半生因为情绪得罪了一些人，不过，我们这辈子也不可能与撒泼耍赖的人成为朋友，那么得罪了又何妨？

Lisa 的隐忍，让我越发觉得没必要包容那些有歪心的人，对他们越是隐忍，越是让他们有恃无恐。

我的另外一位朋友小语的观点，却与我和 Lisa 都不同。面对糟心的事，她不像 Lisa 那样隐忍，也不像我那样凡事不隐忍，而是有她自己的一套"发泄"方式。小语每次遇到了糟心事，总是淡然一笑。

不过，她那笑里，不是假装的淡定从容，而是真从容。

有一次，和她一起去逛商场，在地下停车场遇到了一个不讲理的女人。小语刚刚把车子开出来，那个女人立刻鸣笛，大声地叫小语停车，她想要先出去。那时，小语的车子已经开出来一半了，就算开出去，也不过是一前一后，前后差不出 30 秒。可是，这个女人不讲理，称自己赶时间，希望小语将车子倒回去，让她把车子先过去。

小语点了点头，把车子倒回了车库，等那女人将车开走，我们才紧随其后一起开出了地下停车场。

出来以后，我有点儿气不过："如果是我开车，我一定不会让路，凭什么啊？"

"就凭为了给自己省时间。"小语干脆地说。

在小语看来，与这样的女人纠缠，是最浪费时间的事。与其非要据理力争，不如让她一步，珍爱彼此的时间。假如与她来一场争吵，看上去解了气，但其实也耽误了自己的时间。不仅如此，还可能一整天都会被这件事干扰了好心情。

小语说："我知道，很多文章说，每个人的人生都该酷酷的，不该懦弱地活着。那样的建议，很能引起人的共鸣，但事实上也最害人。他们能让你酷一时，却不能为你的人生负责。多少人，因为不忍一时而酿造了人间惨剧，损失的又何止只是自己的时间？人生最重要的是解决问题，而不是被问题解决。当你因为别人没教养而生气时，你已经被没教养的人控制住了。"

话是这样说，可就是忍不过。

在工作和生活中，小语也并不是每次都选择"放过"对方。有一次我去她公司找她玩，亲眼见到有人误解她，她心平气和地解释，在对方不依不饶的情况下，她微笑着说："您说这样的话，深深地伤害了我，希望您能注意一下自己的言行。"

当小语说出这句话，她的同事立刻红了脸，为刚才大声吼叫而感到羞愧。

我问她："你不怕她报复你吗？你让她这样难堪？"

小语笑着说："她在公司里大吵大叫，我也很难堪。我不是一个只懂得容忍的人，而是受到了伤害，会直接告诉对方。如果对方继续无理取闹，我就没必要在她身上继续浪费时间，如果她意识到了自己的错误，也就避免了一场争吵，不是吗？"

那时我才明白，遇到糟心的事并不一定要隐忍，也不用压抑坏情绪，而是要合理地无视，合理地让对方感受到对你造成的伤害，而不是用情绪来解决问题。事实上，情绪解决不了问题，只会让问题变得越来越棘手。

如同 Lisa，如果她不是一忍再忍，那位犯错的同事也不会欺负到她头上；如同我，若不是"怒发冲冠为红颜"，也不会丢掉那份工作。

压抑坏情绪，不好；不理性地释放坏情绪，也不好。懂得处理情绪，让它张弛有度才好，这大概就是很多人难以掌握的"度"吧。

这个度，其实并不难把握，只要记住：遇到胡搅蛮缠的人，不用浪费时间；遇到误会和诬陷，表明自己受到了伤害，不再让对方欺负自己。

先礼后兵，总胜过一开始就针尖对麦芒。这是聪明人都该懂的道理，只是道理容易懂，做到却要先学会"忍"住。因为忍得越理性，活得质量越高。

所有的抱怨，伤害的都是自己

"气死我了，我遇到了不专业的甲方，方案一改再改，我快被他们折磨疯了。"

每天晚上，我都能收到叶子发来的抱怨甲方的信息。她是一个封面设计师，能力尚可，与几家出版公司都有合作，每天都忙到很晚才睡。

一本图书封面，要给甲方设计三到五个版本供客户选择，即使如此，有时发过去的四五个版本，很可能客户一个版本也不满意，这就要重新设计。

每次客户对她不满，她就会向我抱怨一次。

"颜色又要改，我已经改了五次了。"

"改了三次，又觉得第一版好看，这样的甲方让我怀疑人生。"

"催催催，我已经很努力了，还在催。"

……

叶子不仅爱抱怨，还爱生气。她每次抱怨都是被对方气急了，可是，她又不能骂回去，只能向我们抱怨一番，气一会儿，然后再坐在电脑前继续修改未完成的封面。

叶子不仅爱抱怨工作，也爱抱怨生活。每天中午，她定的外卖迟到、菜不好吃、冷了热了……只要有一点儿令她不满，她都能滔滔不绝地抱怨半天。当然，如果她出门会朋友，朋友迟到了，或说了难听的话，她更是生一肚子气。而生活里类似洗衣机坏掉、换电灯泡、微波炉罢工等，就更不用说了。

每次她向我抱怨，如果我及时回复，就是一个好人；如果回复不及时，我也会成为她抱怨的对象。

在一次又一次的抱怨中，我开始渐渐远离她。从立即回复，到隔一两分钟回复，再到五分钟回复，甚至不回复……

不是我太过薄情，实在是无法忍受她的抱怨。有时自己原本不错的心情，在接收到她抱怨生活里的不如意时，好心情也一下子破坏掉了。

后来，我和叶子共同的一位好朋友也退出她的生活。通过聊天，才知道我们原来都不喜欢叶子这样的人。那位朋友跟我说："你刚不理叶子那段时间，她把你骂得狗血淋头，说把你当成最好的朋友，你竟然离她而去。我听了后背发凉。她为什么从来不想想，两个很要好的朋友，为什么突然就不联系了呢？可是，她从不反思自己的问题，只知道把错推到别人身上。"

我听完，只是无奈地笑了。是啊，每个人的生活都不容易，为什么独独她总是抱怨？她抱怨甲方难搞、要求高，为什么不化抱怨为动力，提升自己的设计能力？为什么不好好地揣摩甲方的心思和风格喜好，好让接下来的合作更愉快？

明知道某家外卖不卫生，可总是忍不住要吃，这又能怨谁呢？抱怨，从来不是因为生活遇到了问题，而是她天生就是爱抱怨的人。

我一直以为，抱怨伤害的是身边听她抱怨的人，后来苹果告诉我，爱抱怨的人，伤害最大的是自己。

苹果也是一位设计师，她长得文文静静，是一个爱笑的姑娘。与叶子不同，她的工作主要是为企业设计 LOGO，遇到的客户也一样难缠。

因为工作的原因，她常常加班，有时半夜醒来，还能看到她在更新朋友圈。

"这个版本改过六次,只要它越来越好,付出再多辛苦都值得。"

"被骂就被骂，我要用最好的作品征服你！"

"谁生活里没点不顺心的事呢，过去就算了。"

……

苹果也是单身，一个人在家,也常常遭遇家用电器罢工。只不过,她从来不抱怨，而是从容地给物业打电话，让他们找人上门维修。

人们常说，同样的事，心境不同，结果也不会相同。确实，心境变了，生活也就变了。可是我们都知道，生活的不如意，最难的就是换个心境去看待它。如果心境能说换就换，我们每个读过几本书的人，都该是超凡脱俗的智者。可是我们都不是，这说明改变心境并不是一件容易的事。

所以，我挺佩服苹果的，佩服她有一颗不抱怨的心。我问她："你是假装很坚强，还是真的不把糟心的事当回事？"

苹果说："我是真不当回事。我知道很多人会说我，表面上看起来很坚强，说不定背地里偷偷地哭。说实话，一开始我真的哭过。最开始一个人住，什么都要自己来，生活中很多事都束手无策，能不哭吗？第一次参加工作，被上司骂、被甲方骂、被老同事骂，能不委屈吗？可是，抱怨只会让一个人不思进取。人生越抱怨就越失败，因为你在那里抱怨命运的不公，就不会去想如何解决问题，慢慢地连解决问题的能力也失去了。这也是为什么一个爱抱怨的人，糟心的事会越来越多的原因。"

"可是，失恋了，就是会哭得梨花带雨；被炒鱿鱼，难免抱怨老板瞎了眼；被甲方骂，又很难不去抱怨对方不懂得欣赏自己。委屈、抱怨、倾诉，几乎是本能，本能很难改变的。"我说道。

苹果说："是的，这都是本能。可是你要知道，这不是事实。很多事情，并不是我们表面上看到的那样。我也有情绪，也会生气、难过，就是那么一瞬间，就激发了将要抱怨的本能。可是我很快就能让自己冷静下来，因为我知道，每当我有这样的情绪，就会忽略了事实。可能自己能力差；可能对方不是不爱我了，只是某些地方不合适；可能不是老板傻，是自己太天真幼稚……"

停了停，苹果继续说："要知道，所有的抱怨只会伤害你自己。多少人因为自己是抱怨的人，失去了朋友；又有多少人，因为抱怨，丧失了改变的机会；还有多少人，因为抱怨让自己得了重病，因为负面情绪对身体的危害是很大的。抱怨不是一件好事，所有的负能量最终都会以各种各样的方式伤害到自己。我们都喜欢有阳光的地方，它温暖，明媚，让人欢喜。人也一样，只有阳光的人，才有更多的人愿意亲近。人们常说，多条朋友多条路，那你首先要做到让自己是个容易被人喜欢的人才行。不然，就算有了朋友，却因为一次次抱怨，让人受到你负面情绪的影响，别说做朋友了，人家恨不得早点逃离。"

爱抱怨的人，心境很难改变，是因为他们没有意识到它会反噬，不知道抱怨的背后，有一个不愿意认清现实的自己。当自己的期望无法达成，原本自己想要的生活被打破，很容易会让人产生抱怨的心理。但是，很多爱抱怨的人不知道，总是抱怨的人其实都是"虚伪鬼"，因为抱怨能伪装自己，把自己拉向被同情者，这时的抱怨，就给自己增添了许多正义。不管是不是自己做错了，反正是全世界错了。

他们哭天喊地，不甘心的委屈，他们想通过向他人述说自己的"不幸"，希望获得别人的安慰，继而看在他们可怜的分儿上，获得你的帮助。起初，我们还会有耐心地为他们打气加油，也会放下自己的工作去帮助他，可是一个经常抱怨的人，会永远获得别人的帮助吗？

起初你的关心安慰，让他们找到了释放情绪的出口，也感受到了坐享其成的快感，所以他们总是不自觉地一直抱怨下去。时间久了，你就会发现对方的抱怨是解决不完的，渐渐地也就失去了耐心。

因此，遇到爱抱怨的人，就算想要帮助他，也不应该让他坐享其成，而是让他懂得去努力，尝试改变他的心境，不然就等同于害了他。如果我们是一个爱抱怨的人，更应该时时提醒自己，不要忽略我们是"虚伪鬼"的事实，也不要忽略我们一直待在"阴暗潮湿"

的环境里。

　　抬头看看那些我们在人群中一眼便能发现其独特气质的女子，她们有着恬淡、安静的笑靥，她们用其独有的智慧经营着自己的人生，愉悦自己也愉悦他人。她们恬淡地幸福了一辈子，即使眼角爬满皱纹也依然优雅，她们从来不去抱怨生活，她们爱生活带来的一切。她们坚韧而宽容地面对困境，快乐而热情地拥抱幸福。

　　所以，我们也要学着拒绝抱怨，拒绝让抱怨伤害自己，把抱怨推开，才能从阴霾中，一步步走向光明。

你无须每天脸上挂着微笑，但一定要有一颗真诚的心

朋友德蓉是一个爱笑的女子，只要见到她，脸上永远挂着淡淡的微笑。她有一对浅浅的小酒窝，笑起来十分好看。

因为爱笑，她暗恋的男神被她的笑容吸引反追她，让她得意了好久。由此之后，她更爱笑了，她常常说，爱笑的女子运气都不会太差。

德蓉运气确实不错，她一路走来，学业、事业十分顺利，在谈恋爱方面，也是喜欢的人追求自己，她的运气让身边的人羡慕。

每次身边有朋友唉声叹气，她便劝他们："不管遇到什么困难，一定要笑着走下去。"

她的正能量如一股暖风，常常暖到人们心里去，身边的朋友们更喜欢德蓉了，遇到了困难也喜欢找她倾诉，不知不觉，德蓉变成一个"知心姐姐"。

在公司里，一开始同事很喜欢德蓉，喜欢她温暖的笑，喜欢她柔软的性格。但是慢慢地，同事们开始疏远她。她也不知道自己做错了什么。

有一次我去公司里找德蓉，在洗手间里，听到同事说她坏话："小蓉最有心机，知道领导喜欢爱笑的女人，她靠卖笑就让领导批了项目资金，早知道，我们也卖笑好了。"

另一位同事听完，恶狠狠地说："一个笑面虎，看她能活多久。"

我在一旁听着，听出一身冷汗。曾经我以为，爱笑的女子一定招人喜爱，没想到笑容也会招来"横祸"。人人都说，做人要乖巧，多笑总没错，可是，那些人却忽略了，"你好我好大家好"的背后，说不定是背后捅刀。

后来，我有意提醒德蓉在办公室里少一点笑容，多一点真诚，德蓉却说："微笑总胜过一张臭脸。更何况，臭脸的人说不定背后捅刀的人更多。"

想想，德蓉说的也有道理，毕竟我们不能让所有的人都满意，那么做最好的自己就好。

两个月后，某天下班，突然接到德蓉打的电话，她在电话里泣不成声。

挂完电话，我急忙奔赴她的住处，问清原委，才知道德蓉失恋了。原来，自从两个月前，她拿到项目资金后，同事们经常给她穿小鞋，让她在公司里寸步难行。因为常常有人告她状，现在领导也变得不喜欢她了。

德蓉在公司里混得不顺心，难免向男朋友抱怨，她让男朋友想想办法，男友却总说："想开点，多笑一笑，不要失去信心啊。"

那些"加油""打气"的话，完全不能解决问题，让德蓉更为烦躁。渐渐地，她在男朋友面前不那么爱笑了。可是，走到朋友和同事面前，德蓉依然是那个阳光爱笑的女子，她把所有的心事藏在心中，认为只有这样才能给人留下更好的印象。

德蓉人前爱笑，人后忧愁，在男友看来，她做人表里不一，为此，他提出了分手。他说："我喜欢你，就是因为你阳光快乐，结果我发现你不是这样的女孩。对不起，你不是我喜欢的类型，我们分手吧。"

他走得决绝，不给她一分一秒解释的机会。德蓉埋怨男友不理解她的难处，可是，德蓉也忽略了，我们喜欢一个人，有时就是喜欢对方的某种性格，或者独特的气质。如果这些特质没有了，他还是他吗？

她和男友都没错，只是他们彼此给不了对方想要的。

经历了失恋的打击，德蓉并没有改变自己喜欢微笑的习惯，只是那笑里，常常带着忧郁和无奈。有人叫她的名字，她习惯性地先微笑，然后再认真地听对方把话讲完；朋友聚会，她也会带着微笑而来，只是那笑里带着些许疲惫；有时陌生人需要帮助，她也会挤出一个微笑，只是那眼神里却带着些许闪躲……

朋友说："我越来越看不透德蓉了，不知道她是真高兴，还是在用笑来隐藏心事。问她，她也总是不说，我与她亲近不来。"

真的，一个人微笑久了，那笑会不由自主地挂到脸上，似乎成了本能。

只有我知道，德蓉后来过得一点儿也不开心。她的工作越来越糟糕，朋友也逐渐在远离她。曾经爱向她倾诉的朋友，大多也不再愿意与她讲话了。

我问她："你累吗？"

她无奈地笑了一下："有些累了。可是，我也不知道该怎么办。你知道吗，我偷偷地做了嘴角上扬手术，无论什么时候看，都像是微笑的。我以为这样就能结交更多的朋友，就能让自己变得好看，只是我没有想到，任何事都有副作用。"

我干脆地说："那就恢复你的本来，想笑就笑，不想笑就不要勉强。天底下这么多人不爱笑，不照样活得挺好？"

我发现，德蓉的脸上，只有一种表情，就是"笑"。即使不笑时，嘴角也是上扬的。她早已习惯这样的人设，想要改掉需要极大的勇气。笑，有副作用，但也能让她在结识陌生人时，获得更多的好感。就像有些人，明知臭脸会遭人讨厌，可是能释放自己的情绪，即使有被人讨厌的副作用，还是愿意默默接受。

天底下原本就没有十全十美的事，到底是活得痛快重要，还是活得表面上看起来很好重要呢？

我的朋友沉香说："活得真诚最重要。"

沉香是一个让人感觉舒服的女子，她不张扬，亦不低调。她的性格，可能跟职业有关，她是一个陶艺师，每天的工作就是做陶土，然后把它们做成一个又一个器皿。

因为工作原因，沉香经常把自己关在工作室，一做就是一整天。她不看手机，极少上网，微博和店铺由团队打理。为了与身边的好友交流感情，每个周末下午三点钟，是她的会客时间。那时，她会泡好茶、插好花，等朋友去她的工作室玩。

沉香朋友很多，来自各界名士，他们有的是外交官，有的是金融家，还有的是知名作家。大家欢聚一堂，往往一场欢聚下来，每个人都会有很大的收获。我去她的工作室，见到那些名流，常常感叹沉香的朋友质量如此之高，为什么我身边就很难遇到名人雅士呢？

　　沉香回答我说："想要交到高质量的朋友，除了你自己要很优秀外，另外最重要的一点，就是待人真诚。你要知道，越是厉害的人，越是懂得人是怎么回事。你戴着的面具，你奉承的微笑，都会让他们把你从他们的世界删除。唯有真诚的人，大家才能玩到一起。其实，高质量的人，表面上看起来高冷，好像很难接触，不过是因为他们不了解你。他们不是不懂应酬，而是他们的应酬是分人的。当他们觉得你可靠，是一个真诚善良可交往的人，就会坦诚地与你交朋友。打个比喻：有的人是大灰狼，而有的人是小白兔。每个人都渴望自己的朋友是一只无毒无害的小白兔，但是每一个人却更愿意做一只大灰狼，然后戴上小白兔的面具，自以为别人不知道自己面具下是一张大灰狼的脸，更夸张的是，明明知道自己是大灰狼，还抱怨别人待你不真诚。"

　　听完沉香的话，我想到了身边一些好朋友。他们对这个世界没有安全感，或者受到伤害后，变得越来越懂得伪装自己。他们在酒桌上称兄道弟，在朋友面前虚伪地笑，以为这就是世界该有的样子。都说，物以类聚，人以群分，当他们成为"虚伪"中的一分子，身边自然会聚集一些"虚伪"的朋友。因为，那些真诚的人，会选择与真诚的人聚集在一起，所以，虚伪的人，很难交到真正的朋友。

不是真诚的朋友难交到，是他们自己把人与人的关系复杂化了。试问，你明知道这个人很坏，你还愿意真心待他，把他当成最好的朋友吗？在坏人面前不撕破脸皮是我们的教养，但这种客气不表示能换来我们的真心。

不过，我有一件事情不太明白，如果一个人的"笑"是一种伪装，那么一个人的疲惫、臭脸、情绪全挂在脸上，这种真诚岂不是会让人讨厌吗？

沉香笑了，"真诚不等于真实。在疲惫时打起精神，在听到不好的话时不表现出自己的内心情绪，不是一种伪装，而是一种教养。真诚是一种待人的态度，是做人的优秀品质。真诚不是指笑或生气，而是指你待人真心实意。厉害的人都很忙，时间更宝贵，他们不会在不值得的人身上浪费时间。相反，只有臭味相投的酒肉朋友，反而有大把时间喝酒聊天，但往往那些人，都是不太成功的人。所以，节省你的交友时间，拿出你的真诚，把时间花在更值得的人和事上吧。"

如果不是遇到沉香，我后来不会结识很多真正的朋友，也不会接触到高质量的人群，更不会静下心来，不断地提升自己。

如果你为了应酬才时常在脸上挂着笑，那么现在可以收敛起笑容了，因为与笑容相比，真诚才是让你立于不败之地的法宝。你只有走进别人的心，别人才愿意拿出真诚的心来回馈你。

要知道，真诚不是必须要跟对方说实话，也不是对对方有求必应，而是对他人负责的态度，愿意帮助他人的援助之手和为对方着想的关切与爱护。持有这样的态度，就不愁交不到高质量的朋友。这样，你既无须委屈自己，也能达到自己的目的，何乐而不为呢？

优雅的女人不做依附的小鸟，不做攀援的凌霄花

不要在该赚钱的年纪，让健康拉低生命值

爱情与面包，是个永恒的话题。

健康与努力，也是。

许多人说，不要在该赚钱的年纪，选择安逸，可是谁又问过，赚钱背后的腰酸背痛，体检指标每况愈下的心酸呢？

赚钱，到底是为了什么？

我认识一个姑娘，姓于。

她 27 岁，已经走遍大半个地球，她信奉一切只靠自己，女人必须花自己的钱，于是，在成长的道路上，她让自己变得越来越强大。曾经，她在法国巴黎的深夜，与劫匪决斗；在以色列的哭墙下，与男友分手；在埃及金字塔前，一人完成了杂志供稿拍摄……

她很独立，凡事都靠自己，为了赚更多的钱，她一边做摄影师，一边撰稿写游记，27 岁的年纪，已经成为知名的摄影师和作家。

随着名气越来越大，她得到了不少商家的赞助，如今她每去一个地方，衣食住行都不用自己承担任何费用，许多人都羡慕她的生活，可是只有她自己知道，一切都越发身不由己。

世界各地跑了几年，她逐渐感觉体力不支。偌大的单反相机挂在脖子上，一挂就是一整天，医生告诉她颈椎已经严重变形，必须停止工作；她去一个地方采风，有时一走就是一整天，寒风露宿导致腿部关节炎愈发严重；加上还要熬夜写作，她的皮肤也少了往日的光彩……

为了自己的身体健康，她决定暂时停下工作，在家疗养。

身边的朋友都支持她的选择，可是一听到她要赔偿高额的违约金时，又劝她把合同做满再辞职。

于姑娘与赞助商签了三年的合约，如今做了两年多，这时提出辞职就等于毁约，高昂的违约金几乎把她几年的积蓄全部赔进去了。更何况，只剩下半年了，咬牙坚持一下也没什么。

之前，于姑娘说："不要在该赚钱的年纪，选择安逸。"如今她说："不要在该赚钱的年纪，让健康拉低生命值。"

只有当自己生病了，才能体会到健康的重要性。

于姑娘不顾朋友的反对，依然决定赔上身家，放弃当下的工作。

她辞职以后，朋友认为她从此过上"安稳"的生活，谁知她再一次打破了众人的认知，她调理身体的同时，并没有闲着，而是在微博上玩起了美食。

为了调理健康，她自学中医、西医的健康美食搭配，凭借摄影功底，微博一下子吸引了许多粉丝。后来，她又把自己做菜的过程拍成视频，现在已成为美食界的大 V。

这两年，她身体和气色都好了不少，偶尔又开始了新的旅程。

这一次，她没有把自己玩到疲惫，而是自由自在地各地游荡。她将风景照片投稿给杂志社，将当地美食放到自己的微博上，两项工作玩得不亦乐乎。

谁说选择健康，就等于放弃赚钱的机会？人生真正的精彩是：在保证身体健康的同时，也可以安稳地赚钱，做一切自己想做的事。

现在，谁见到于姑娘都说她活得精彩又有质感，美丽又从容。

朋友说，于姑娘是个例外，她本身是自由职业，又是有名气的作家，在微博上做美食自然有着先天优势，若是别人，恐怕只能是一声叹息。

事实上，并非如此。比如，我的另一位好友，小雅。

小雅毕业于澳洲一所大学，专业是人力资源。在国外漂泊了几年后，决定回国发展。她去公司应聘的第一天，就遇到了小洲，他对她一见钟情。

小雅长得漂亮，皮肤紧致，那一头黑发柔顺又亮丽。她刚刚回国不久，一门心思地想要在事业上有所成就，为此，小雅委婉地拒绝了苦苦追求的小洲。她不想在拼事业的年纪，选择爱情。

但是小洲锲而不舍，他喜欢小雅，就算被拒绝，也依然不肯轻易放弃。他每天不是送花，就是送餐，还时不时地送上电影票，彻底打乱了小雅的计划。那时，她也到了该结婚的年纪，身边的朋友劝她："要不，试试？"

小洲的穷追不舍，最终打动了小雅，小雅答应做小洲女朋友的那天，小洲还送给小雅一个大惊喜——一家网络公司。

小洲是一个富二代，靠着殷实的家境，开了一家公司。他在那家公司打工，不过是学习经验，她成了他的女朋友，他当然要让她当"老板娘"。小雅是一个负责任的女人，接受了他，也会接受他的公司。

为了让公司发展得更好，她一边工作一边打理公司的事。在她的管理下，公司走向了正轨，而小洲则成了一个甩手掌柜。每次出去，他都对身边的朋友夸赞小雅，称他捡到了宝。

再坚固的爱情，随着时间流逝，也会在两颗心上长满老茧。小雅与小洲的爱情经过3年的风风雨雨，变成了坚实的"亲情"。

小洲对小雅越来越依赖，无论工作、公司还是生活。可是，小雅在这个时候，选择了放手。

她说："我太累了。"

他说："你可以辞职，专职打理公司，反正公司赚的钱够了。"

小雅摇了摇头，"这几年，我一边忙工作，一边打理公司，你从来没有真正体谅过我。"

确实，为了公司，她整日熬夜，三十来岁的年纪，竟然有了一些白头发，而她一直骄傲的皮肤，也因工作变得干巴巴的，她对着镜子思考良久，最终得出结论：一个真正爱你的男人，不会让你疲于奔命。

不知道从什么时候开始，她从他手里的宝贝，变成了一个会赚钱的"老板"，而他，从积极努力的男人，变成了一个好吃懒做的"纨绔子弟"。

这不是小雅想要的。她想恢复往日风采，将他彻底从自己的生命中扫除。

"3 年的爱情，你舍得吗？"就这样分手，我不得不感叹。

小雅苦笑了一下："3 年，当然舍不得。可是坏的爱情跟健康一样，不及时止损，未来只怕更坏。"

话虽如此，可是对于一段感情如此决绝地放手，我想不是每个人都能做到的。

不是没有难过，小雅也曾在深夜痛苦，刚分手的那一周里，她甚至辞掉了工作，决定好好给自己放个假，我们都觉得她完了。

本以为，她会休息很长一段时间，谁知她一周后竟然上班了。她选择了一份轻松、不加班、不熬夜的工作，然后将大把时间放到了健身房、瑜伽、中医调理上。如果时间允许，她还会逼自己画国画，好修身养性。

我们都为小雅不值，一份年薪六位数的工作，怎么说放弃就放弃了？就算再找一份同样薪水的工作，也不是没可能啊。

小雅却说："我在给自己放假，等恢复体力，再重新出发。"

半年后，小雅重新坐回人力资源主管的位置。这半年来，她不仅恢复了往日容貌，在她脸上更多了一份自信与从容。不仅如此，小雅还开了自己的公司，成了真正的老板。

我大为惊诧："有一份工作，再分心打理公司，与半年前有什么区别？"

小雅微笑着说："在最好的年纪，一定要选择赚钱，但不要忘记保养自己。这大半年来，我一直在反思自己，发现自己之前犯的最大的错误是不懂得平衡工作与生活，一心地扑到了事业上。现在我明白，做事业要用 80 分的力气，留下 20 分给身体和自己，因为身体垮了，别说事业，什么都没了。"

多少人误以为，选择了努力，就等于放弃健康，选择了面包，就等于放弃爱情。其实，只要方法得当，让两者兼有之，活得有钱又健康，有爱情又有面包，是完全可以实现的。

有不少姑娘都很努力，可总在努力中，一不小心就变成了"黄脸婆""熊猫眼"，甚至危及健康。不妨试着放慢自己的脚步，调整一下时间分配，在努力的同时，也留 20 分给自己。虽然这样会慢一点，可成功是个长期活，最终拼的是耐力。

人们常说："现在拿健康换钱，将来用钱买健康。"这样的做法得不偿失，不如早早避免这样的错误。只要合理地安排好时间，保证自己身体健康的前提下，再去做其他想做的事，会更加顺心顺利。而优雅一定是建立在健康的基础上的。弱不禁风的女人无法优雅起来，林黛玉型的美，只可远远地欣赏。强健的体魄不仅是男人的本钱，也应该是优雅的女人的优雅的本钱。

所以，想要好的生活，做一个优雅的美丽女人，首先要保证有个好的身体。

模仿的灵魂毫无生趣，你必须活出最好的自己

谁也没有想到，丫丫红了。

4年前，丫丫还是一个胖胖的，说话有点害羞的女生。她没事业、没工作、没男朋友，好像是一个被上帝遗弃的孩子。如今，她虽然也胖胖的，但说起话来滔滔不绝，站在台上演讲，自信的笑容总是洋溢在她的脸上。她事业有成，有名气，还有男朋友，这一切变化让人觉得太不可思议了。许多人问，这4年里发生了什么，让一个自卑的女孩成长为电商女企业家。

4年前，那时的丫丫刚刚大学毕业。她胖胖的，看起来傻乎乎的，特别爱吃甜点。每次去面试都要从商店买一罐冰激凌为自己打气，她说，这能给她信心。

但是，结果证明，冰激凌没有给她带来自信，反而她因面试失败连之后面试的勇气都没了。丫丫失落地走在大街上，郁闷地用脚踢着小石子。不知不觉，她来到了一家蛋糕店。

丫丫爱吃甜点，打算用蛋糕犒劳自己。进蛋糕店时，丫丫不断告诉自己，已经很胖了，只吃一块，只吃一块……

但是，丫丫忘记了这个世上还有一种名叫"自控力"的东西，她一口气拿了三块蛋糕和两盒曲奇饼干。为了下午的面试，丫丫找了一个座位，要了一杯咖啡，一块接一块地吃起来。

可能因为太饿，也可能因为心情不好，丫丫吃光了所有的糕点。等她从蛋糕店出来时，一想到要去面试，还是有点胆怯。正犹豫着，一回头竟看到了蛋糕店的招聘启事。就这样，她成了蛋糕房的学徒。

身边的朋友为丫丫感到惋惜，一个好好的大学生，找份什么样的工作不比学徒好？然而丫丫说："我喜欢吃蛋糕，我要做给自己吃。"

朋友不解："你已经那么胖了，不应该戒掉蛋糕吗？"

一时间，丫丫哑口无言。

很多人都喜欢瘦瘦的、长得漂亮、身材高挑的女生。丫丫为了减肥吃尽苦头，可作为一个吃货，她总是管不住自己的嘴。

很快，丫丫从一个小学徒，变成了蛋糕师。丫丫做蛋糕时，喜欢把自己做好的蛋糕发到朋友圈和微博上。她的蛋糕越做越精致，加上她愿意分享自己的技艺与方法，很快便圈粉无数。

一个念头在她脑子里升起，她为什么不在网上卖蛋糕呢？有了这个想法后，丫丫买了专业的单反相机，在家里置备齐了所有做蛋糕的工具，然后开始了她的电商人生。

丫丫刚开店那段时间，真是苦了我的另一位朋友小芳。小芳电商做得很成功，丫丫得知后，特意去拜访小芳，希望小芳能帮帮自己，传授一些做生意的经验。小芳说："丫丫是一个工作起来很拼命的女孩。"

不管丫丫的事业做得多努力，都没办法改变她不上镜的事实，摄影师拍出来的照片总让她不满意。她想通过写文案，让更多的人认识她，但是也难以避免需要真人上镜的时候。为了事业，丫丫开始减肥，甚至决定开眼角、丰唇、瘦脸……

丫丫把想法丢到闺密群里时，姐妹们虽然希望她变得越来越漂亮，但还是希望她能够健康减肥，莫在脸上动刀。

一连七天，丫丫都没在群里出现。姐妹们怀疑她是不是因为节食而晕倒了，甚至做出了最坏的打算，再等一天，如果她还不出现，就去砸她家的门。

第八天，丫丫出现了。她说，她决定不减肥了，也不在脸上动心思了，她要自然出镜，做一个不一样的蛋糕师。

我们被她这个想法惊到了，忙问她受了什么刺激，竟然有如此大的改变。

丫丫说："这段时间，我在网上看了许许多多微商、直播、电商平台的主播和店主们，发现她们全部是瘦瘦的、高高的、'锥子'脸的女生。她们确实好看，但我看了一天，晚上睡不着仔细回忆当天谁给我留下的印象最深刻时，我竟然想不起任何一张面孔。这时我发现，她们'长'得都一样，瘦瘦的，高高的，标志性的'锥子'脸……我受到了很大的刺激，这几天我一直在想这个问题，假如我变得跟她们一样，那些客户和粉丝会记得我吗？于是，我下定决心，做第一个胖胖的，丑丑的，但最容易被记住的女生。"

丫丫这一大段发言，让我们不由得为她拍掌叫好，不过也担心她因为长相而引来骂声。丫丫原本就不够自信，当粉丝觉得她长得不漂亮时，很怕打击她的自信心。

丫丫看完消息说："我要学着成长，当我最脆弱的部分变得强大，灵魂里才能长出真正的自信。"

丫丫长大了，不管她成功与否，对于当时的她来说，能肯定自己就已经是巨大的进步了。后来，丫丫把自己的照片开始放到网上，虽然引来不少骂声，但也得到了不少赞美。她的自信，让她成了胖子界的代言人，女孩们都渴望活得像她一样自信从容。

得到粉丝肯定的丫丫，变得越来越自信了，她的笑容逐渐不再僵硬，她不再刻意在自己的腰部掩饰肉肉，她要展示出最舒服的自己。

丫丫在微博上说："舒服比漂亮重要，好吃比卖相重要。"这几乎成了她和粉丝的座右铭。如今丫丫红了，靠着独特的气质与身形走红。她开设了蛋糕师的培训班，带领着喜欢吃蛋糕的女孩走上了一条光明大道。

她在演讲台上授课，台下的摄像师（也是她的摄影师）其实早就爱上了她。他喜欢她的自信，喜欢她的独特，原来一个人自信起来，肉肉都带着神采。很快，自信起来的丫丫，不但获得了事业上的成功，也收获了甜美的爱情。

我记得在网上看到过一句话："之前的人，长得都随父母，现在的人，长得都随整容师。"当身边的人看到你胖了，便会劝你减肥；看到你皮肤不好，就劝你去做做脸；看到你穿着不够大牌，便会劝你买个像样的包包与衣服……

　　如今的女生的身形、长像、穿着……越来越相同，她们总是想着法子让自己变得漂亮。这看似是一种能让女人变自信的方式，但接受最真实的自己，难道不是更能让自己成长吗？

　　偶像练习生《创造101》中的王菊，她长的不是标准的锥子脸，也不是纤瘦型的女生。当别人质疑她的长相时，她说："有人说我这样子的不适合做女团，可是做女团的标准是什么？在我这里，标准和包袱都已经被我吃掉了，而你们手里握着的，就是重新定义中国第一女团的标准。"

　　假如你自信，你即使胖胖的，也不会在乎别人的眼光，也会活出最好的自己，就像丫丫，她不刻意模仿那些漂亮的人，反而成就了最好的自己；假如你不够自信，你即使整成了当红一线女生的样子，那个不自信的灵魂，依然没有力量，这也是为什么有些人明明长得很好看，但还在不断微整的原因。

　　我的另外一位朋友很有意思。

　　我与她第一次见面时，她问我的第一句话是："你有理想吗？"这个问题把我难住了，我不知如何作答。因为我们不熟，所以不知她想要的答案指向何处。

我尴尬地笑了笑说："当然有，不然我不会做一个写作者。"

回答完问题，我开始观察她，并等待她的解答。她叫徐余，今年 30 岁，是一位成功的策划师。很多人说，她的成功来源于知道自己想要什么，为了达到自己的人生目标吃了很多苦，所以才有了今天这番成就。

徐余笑了笑，拍了拍我的肩膀，并没有对我给出的答案发表看法，而是说："我们以后接触的机会还多，时间会帮我验证这是不是你的理想。"

后来，我们因为工作机会，接触得多了一些。然后我发现，徐余果然与大多数人不同。她虽然做策划师，但她做人有底线，做事有底线。拿到甲方的合同，她不会为了钱而服从甲方的安排；她定好的计划，不会随便更改，当然也不允许下属更改；她对她的专业一直在精进，想要做到最好……

跟徐余这样的女人做事，很省心，让人感觉踏实。假如你问明天和意外哪个先来，徐余的答案是永远不会让工作出现意外。某次工作完，大半夜我们去公司附近的餐馆吃宵夜，无意中想起最开始与她相识时的问题，我问她："你当时到底什么意思？每个人不都是有理想吗？没有理想与咸鱼有什么区别？"

徐余摇着杯子里的红葡萄酒，听完我的话嘴角微微一扬："那些说'没有理想与咸鱼有什么区别'的人，往往真没什么理想。"

我一怔，"什么意思？"

徐余继续说："一个人，走一条大众走的路，会被定义为咸鱼，很多年轻人不愿意做咸鱼，便给自己找了一个理想。但往往很多时候，人们分辨不清，他是真的想做这件事，还是不想做咸鱼才做，还是想要成功。"

我听迷糊了，"有什么区别吗？"

徐余点了点头，肯定地说："当然有区别。真正有理想的人，是真的喜欢某件事，他只想把这件事做好，即使不成功也会去做；不想做咸鱼的人，只是喊喊口号，证明自己不是一条咸鱼；而想要成功的人，可能跟他当下做的事情没关系，他喜欢的只是成功的感受。"

经她一解释，我似乎懂了一些。可是，人活着，是多种因缘的聚合，人少不了理想，也少不了钱，更少不了成功啊。

徐余放下酒杯，很认真地说："我曾经吃不起饭的时候，也在做策划。那时，我什么都不是，得不到认可，我的创意没人理会。其实，我当时圆滑一点，现实一点，以我的专业想赚钱真的很容易。可是我的理想，是把我的创意卖出去。我真正喜欢这件事，是我的心要到达的地方，这才是理想。而那些咸鱼们，都只是在模仿别人的人生，他们想不明白自己要去哪里，于是，就模仿了别人的选择。"

听完，我恍然大悟。我们许多人，总认为自己做着独特的事，但其实也不过是模仿了别人的人生，而真正的自己，因为模仿完全被忽视了，很可能这辈子也不会被开发出来。

我们不知不觉，就活成了别人的样子。

其实，很多事也是如此。理想、人生、三观、身材、工作、事业……甚至择偶条件，都需要外界来告诉我们，什么样的男人最安全，却从来不会问问自己，心要到达的地方是哪里。

我们舍不得身体受委屈，但舍得让心受委屈，总认为，哭过笑过，心灵就得到了解脱。事实上，正是因为你的心没有到达对的地方，才让生活看起来，痛苦多于快乐，哀伤多于喜乐。

我们最该讨好的人是自己，但不知不觉就活成了别人眼中更好的自己。可能徐余在许多人看来，有一点点顽固，可正是这点顽固，才成就了她今天最美的样子。这是她心之所向，即使外界曾经带给她苦难，但她依然能笑着面对。

理想真的重要吗？不一定。假如你喜欢平平淡淡，岁月静好，那就没必要为了活出别人眼中"最好的样子"而去折腾。把当下的日子过好了，一样是最好的自己。

这个"最好的自己"不需要别人的肯定，更不需要活在别人的目光里，你需要自己的肯定，活在自己的心中。

好看的皮囊千篇一律，有趣的灵魂万里挑一。唐唐一直有一个梦想，她希望自己有一个大大的衣帽间，里面挂满衣服，摆满包包和首饰。她不是富家小姐，亦没有富二代男朋友，甚至还没有一套房子，这样的理想有些不现实，她自己也不知道什么时候才能实现这"伟大"理想。

只是，谁也没有想到，3 年后唐唐的理想实现了。当她坐在一百多平方米的两居室，把其中一个卧室装修成衣帽间时，身边的人还是有点难以置信。更令人没想到的是，仅过了一年，唐唐突然说，她对这些衣服和包包没兴趣了。

　　然后，她把只穿过一两次的衣服和挎过几次的包包放到了二手网上，把衣帽间再次做了装修，让它重新恢复成了卧室的样子。

　　身为朋友，对她的做法有点不能理解，可唐唐说："我觉得这些'破烂货'都没什么意义了。"

　　什么破烂货，分明都是几千元的品牌货。我问她："你把衣帽包包，便宜卖掉不心疼吗？"

　　唐唐摇了摇头说："做模特的 3 年里，让我越发觉得女人要更注重品质。"

　　回想起唐唐这 3 年的生活，真是一碗励志的好鸡汤。她为了梦想，做了服装模特，如今，却对喜欢的衣帽放手了，我很想知道她的人生，为什么会有这样大的改观。

　　2016 年，唐唐是一个刚刚毕业的大学生，她除了空有一腔在这座城市立足的热血和有一个大大的衣帽间外，什么也没有了。上大学时，唐唐勤工俭学，舍不得吃，也舍不得休闲娱乐，把赚来的钱都放到了购买衣服和包包上。

　　不过，那些廉价的衣服，终究无法满足她的理想。为了能有更多的漂亮衣服穿，她有了一个大胆的想法，她想做模特。她个子不高，不能走T台，只能去电商公司做平面模特。

为了得到做模特的机会，唐唐开始减肥，练习瑜伽，让自己看起来有气质，符合模特职业的要求。起初，唐唐只能做一些替补的小活，后来慢慢成为一家服装品牌的御用模特，再后来她开始小有名气，与好几家公司保持稳定的合作关系。

唐唐工作很拼命，最努力的时候，她每天只睡三四个小时，一心只想赚更多的钱。只要能实现她的理想，就觉得吃再多的苦都值得。

合作得较好的公司，有时会送一两件唐唐喜欢的衣服，更多的时候拍完照片，衣服就被工作人员收走了。唐唐在那段时间，购买了许多衣服，只要她穿在身上好看，就会以低折扣的价格向公司购买。

包包、鞋子、服装……唐唐在一点点地积累着她的"财富"。当她把自己购买来的战利品拖回家中，她内心充满了满足感。后来，她最快乐的事，就是不工作的时候，在家里换穿一件又一件衣服。

认识唐唐好多年，她对于衣帽包包很吝啬，从不肯将这些送给好友。明明很珍惜的"财富"，如今，却要便宜卖掉，真不知道她受了什么刺激。

唐唐说："这么多年来，我除了攒下房子和这一屋子的衣服外，并没有存款，所有的钱，都消费掉了。穿过一件又一件衣服之后，我发现自己越来越空洞。为了赚钱，我没时间读书；为了买一件又一件衣服，我甚至没有像样的首饰。这些，让我活得越来越廉价。我想要的人生不是这样的。"

我有点糊涂了，不太明白唐唐的话。我身边有很多女孩，她们的理想，也是穿很多好看的衣服，她们并没有告诉我，这有什么不对。

唐唐解释说："好看的皮囊千篇一律，有趣的灵魂万里挑一。我做模特这几年，见过许多成功的模特，我这才发现，原来她们的成功，并非只是身材好，长得好看。她们的成功，往往都有一个有趣的灵魂。我这才逐渐明白，好看的皮囊全是品牌，有趣的灵魂才更注重品质。她们也有很多衣服，不过不是为了好看，而是彰显自己的品位。她们读书、学习，向国际靠拢……你看，我有什么？除了这一屋子的衣服。"

"可是，你也不用把这些衣服全部卖掉啊，真是太可惜了。"我有点心疼。

唐唐笑了，打开了衣柜，指给我看说："我留下了经久不衰的经典款，那些追流行而买的衣服，就卖掉吧，我并不觉得可惜，我应该与过去告别重新出发。以后，我会拿出更多的时间来学习，让自己从内而外变得有趣，而不仅仅只是靠那些华丽的衣服来彰显自己，希望自己在新的路途上，我的灵魂能变得更加丰满。"

年轻的时候，我们喜欢多，越多越好。年纪大一点，反而更注重品质，这大概就是成长吧。如唐唐所说，与其把钱花在只穿一两次的衣服上，不如提升对经典的认识，挑选出适合自己的款式，然后把剩下的钱花在提升内涵上，读书、学英文，拓展自己的眼界。

品牌和品质，往往是一体的，好的品牌意味着高品质，但却并不是所有的品牌，都适合自己。与其求多，不如求质，只有有品质的灵魂才撑得起好看的皮囊。

在《欢乐颂》里，安迪就是一个注重品质的人。她没那么多华丽的服装，只有简单的几套职业装和礼服。在她看来，与其花心思在服装上，不如去提升自己。与安迪相反的樊胜美，却有一排排的衣服。然而在那一件件高仿货，还有她后来拥有的真货包包中，都无法掩盖她焦虑、不自信的人生。

有人说，我就是喜欢新的款式，只有将它们收入囊中才能让自己开心。可是我想说，那样疯狂冲动的自己一定不好看。好看的人生，不是被花哨的物质绑架，而是懂得克制，享受最好的。

30 岁的 Echo，一路走来有点儿太顺利了。

自上幼儿园开始，她就是学校里最受欢迎的学生；上小学、中学，更是学校里年级次次考第一的尖子生；在她大学实习期间，又以最好的成绩被外资企业看中，直接拿到了公司的入职通知书……

如今，Echo30 岁了，再度被提升为总经理助理，更是羡煞旁人。这一路走来，她的学业和事业一路攀升，可她的生活，没有发生太大的变化。如同小时候，她永远只有几件衣服，珠宝首饰更是一切从简。当她被任命为总经理助理时，身边的朋友问她："薪水高了，应该会给自己买几套更好的衣服了吧？"

Echo 笑着摇了摇头说："我现在的生活挺好的。"

Echo 家境不错，父母都是大公司的主管，以她的成长环境，从小应该身边堆满布娃娃，衣橱里挂满蓬蓬裙。恰恰相反，她从小的生活，甚至比常人拥有得还少，但妈妈告诉她，你应该拥有最好的。

小小的 Echo 并不懂最好的意思，只要在商场里看到了喜欢的玩具和衣服，她就会哭着央求妈妈买下。那些衣服和玩具并不贵，比她所拥有的廉价三倍。在她看来，这些很便宜，她很喜欢，她不要最好，但希望自己能够拥有很多。

妈妈说："买很多廉价的，就意味着你要放弃最好的。如果你的预算是购买一件 5000 元的衣服，看中两件的话，每件就要花费 2500 元。如果你既想好，又想多，很可能购买 3500 元一件的衣服，这样你两件就要花 7000 元。3500 元的衣服对于你来说不是最好的，但你却多支出 2000 元，那多支出的费用，会让你的生活质量再次下降。"

一个人的收入可以有限，但要学会在有限的收入里，过最好的生活。最好的生活，不是放纵，而是克制。只有珍惜每一次选择的机会，慎重地考虑自己需要什么，你才能让自己不后悔。

小时候 Echo 不懂妈妈的话，但在妈妈的管制下，她没得选。后来，她大学毕业，工作后赚来的第一笔薪水买了心仪的服装，第二个月的薪水再次购买了喜欢的衣服，那两件衣服，比她平时的衣服廉价一倍。她以为自己很喜欢，但购买回来后并没有穿几次就被闲置了。她这才发现贵的好处。贵的服装穿在身上，从版型到舒适度，是廉价的衣服所不能比的。在她亲身经历之后才知道，妈妈是对的。

从此以后，她更加懂得克制，只为让自己拥有更好的。

80分的钻石项链可以轻松购买，但100分的才会更好。Echo从不乱花钱，但每次出手必定是做过对比，给自己最好的。

Echo说："很多女子，收入不高，抱怨自己无法活得优雅。其实，不是她们无法变得优雅，而是她们放弃了让自己变好的机会。她们总是凑合，或者被冲动控制，让自己一次又一次地花了冤枉钱。其实，所谓的最好，不是拥有世界上最好的品质生活，而是做到自己生活里的最好。月入5000元，就作5000元的打算，但一定是这个限度里最好的。"

最好的自己，一定要靠自己成全。你对生活放纵，你的人生也会放纵；你对生活克制有追求，你的人生才能慢慢变好。

你不需要一堆又一堆品牌服装，但需要一个有品质的人生。这样的人生，才能装得下你的灵魂，让你的灵魂越来越坦荡、自在、有趣。

因为当你懂得克制、珍惜的时候，你才能不被物质绑架，从另一个层面说，是在生活里修心。当你的心越来越能被自己控制，你才有机会控制你自己的人生。

生活高级，灵魂才能高级，有了有趣的灵魂，好看的皮囊就成了摆设。

在柔软的内心，种下一颗手艺的种子

　　突然有一天，高小洁神采奕奕地跟我说："我报了钢琴班，决定好好地学钢琴。"这个决定太突然了，着实把我吓了一跳。

　　高小洁 30 岁了，早已过了学钢琴的年纪，而她的职业是十分忙碌的建筑设计师，真不知道她能拿出多少时间来练习弹钢琴。

　　高小洁说："做建筑设计师这些年，我把自己活成了女汉子，再不把心好好地收一收，怕是嫁不出去了。"

　　回想起高小洁一路走来的艰辛与努力，她确实活得除了建筑事业再无其他。她白天跑工地，晚上回来做设计，有时还要跟甲方争个你死我活，若不是靠着强大的内心，她一定坚持不下来。

　　如今，她事业有成，有车有房，算是混得相当不错的女子了。可是我知道，她没有业余时间，更没有享受生活的时间，如果她继续拼下去，很可能会活成工作的机器。她曾经有相当长一段时间，打算停下来去享受生活。不过，半年多过去了，她依然没有停下来过。我以为，她的"停下来"只是说说，当她告诉我报了钢琴班以后，才知道这半年来，她一直在做这方面的功课，只是千挑万选中，她选择了学习钢琴。

在我身边，有许多像高小洁这样的女子，她们早期为了事业，把自己变成了工作狂。等发现除了工作再无其他后，才下定决心等一等灵魂。她们往往也会选择报兴趣班，或绘画，或插花，或瑜伽，像高小洁选择钢琴这样高难度的兴趣班还是第一次见。

高小洁纠正我说："我报的不是兴趣班，而是找了一位专业的钢琴家，我希望把钢琴当成我一辈子的爱好。"

"可是，随着年龄增长，手指越来越僵硬，你确定能应付得了？"我问。

高小洁回答我说："就是因为难，所以我才决定选择钢琴。如果只是为了陶冶情操，这样的学习是没有意义的。"

大概成功的人，都有一股坚持下去的决心，就连在选择兴趣上，也要为自己做长久的打算。我从不怀疑她会中途放弃，只怀疑她是否能应付得了高强度的训练。要知道，弹钢琴想进步，每天至少要弹两个小时。她虽然想借助钢琴放慢生活的节奏，但是，不工作后立刻去弹琴的生活节奏依然很快。我始终认为，喝喝茶，插插花，才算是放慢生活节奏的好兴趣。

高小洁是想放慢节奏，好好地享受生活，可是，她还想借助一门手艺，让自己得到更大的提升。无论在工作创意、生活和交友上，都能形成一个良性的循环。她要借助手艺这个点，让自己的心性和生活变得越来越丰富。

我能理解她的想法，但并不知道她如何实现这个想法。直到一年后，在一次聚会上见到她，才看到她发生的变化。

这一年里，她很忙，我们几乎很少见面。偶尔的交流，也只是在网上问候几句。我是一个喝茶插花的人，这就是我的兴趣爱好，我一直为拥有自己的一个小世界而欢喜。当我再次看到高小洁，我才发现那样的欢喜只是一个人的，而高小洁得到的欢喜更大，属于更多的人。

高小洁变得柔软了，也更有艺术气质了。她谈吐活泼可爱却也不失优雅。与之前女汉子形象相比，她变成了一个看上去略带娴静气质的女人。她与朋友交流，从艺术中多了一些体会，看问题的角度也更为广泛了。

高小洁端着高脚红酒杯，说："手艺是什么？手艺是入道的入口。我们应该借助某个手艺，给自己静心的机会，给自己与自己相处的机会。与自己相处是一种能力，能安静下来更是一种能力。当你这种能力越来越好时，你会吸引更多的朋友跟你一起玩。交友向来不是去高攀别人，而是你优秀、通透、有趣了，有共同爱好的人才能聚到一起。而这些，非得有一个你能长久坚持下去的手艺不可，借助它，你才能得到这些机会。"

一瞬间，我就明白了高小洁说的话，因为我也有一门手艺——写作。倘若不是写作这门手艺，我也不会结识这么多好朋友，更不会结识很多高质量的朋友。表面上看起来，我们的职业毫不相关，可是我们却又有着诸多共同之处。当我们灵感枯竭，朋友的感悟很可能就是好的灵感之源，而这些，是毫无一技之长的人不能体会的。

当你越来越优秀，你才能与优秀的人玩到一起。试问，与朋友在一起交往，你愿意做一个一直输出却无法从朋友身上毫无输入的人吗?

事实上,高质量的朋友都不愿意在低质量的朋友身上浪费时间。他们交友,也是为了有更好的发展,而不是成为别人的人生导师。而我们的手艺,是自己悟道的入口,随着对手艺的不断深入,也会有越来越深的感悟,是这些感悟出来的思想让我们变得不同,与朋友交流时有了不同的见解,这些与浅尝辄止的了解一门手艺是不一样的。

这并不是说,插花喝茶不好,而是如何让它们变成自己的手艺,成为那个不断深挖下去的入口。

朋友高小洁的话给了我很多反思,反观身边一些朋友,多数更喜欢浅尝辄止。比如,曾曾就是其中一位。

曾曾是一个白富美,从小生活优渥的她几乎不懂人间疾苦。父母做着几千万的生意,她从小到大想要什么父母都会满足。

12岁那年,曾曾爱上了街舞,她喜欢街舞酷酷的样子,更喜欢舞蹈里透露出来的帅气。尽管妈妈反对她学习这样的舞蹈,但在曾曾的苦苦哀求下,妈妈还是为她聘请了舞蹈老师。

第一次上课,曾曾充满了新鲜感,她觉得有意思极了,对街舞也有了别样的认识。只是,普及课程结束后没两三天,曾曾便觉得街舞没意思了。因为反复一个动作的练习,让她觉得很无聊。半个月后,她辞退了舞蹈老师,彻底放弃了街舞。

曾曾说:"我要学的不是这样的街舞,反复练习一个动作一点儿也不酷。"

没多久，曾曾喜欢上漫画，她被一本本漫画故事吸引，梦想成为一名漫画家。当她向妈妈提出要学习画画时，妈妈让曾曾做出承诺，这一次绝不轻易放弃。

　　为了学习喜欢的漫画，曾曾甚至写下了保证书，她为此还觉得妈妈小气，认为妈妈不舍得为她花钱。妈妈说："我不是担心花钱，而是希望你能把一件事情好好地坚持下去。"

　　妈妈的苦口婆心，曾曾当成了耳旁风，她学习画画没多久，就被枯燥的专业漫画技能练习搞得心烦意乱。当初她亲手写下了保证书，暗暗发誓要坚持下去，不能被妈妈看笑话。曾曾咬牙坚持着，两个月后还是放弃了。

　　后来曾曾想要学习珠宝设计，妈妈再不肯为她花一分钱。她对这个女儿已经彻底失望，断定她将来一无所长，只能靠殷实的家底过完余生了。

　　现在，曾曾24岁了，每天关心的是穿什么，化什么妆，背什么样的包包。她有许多朋友，不过多是一些一起逛街、吃喝玩乐的朋友。为了让自己变得有内涵，曾曾也会读上几本书，只是书上的知识到底是别人的，加上她没有一颗踏实的心，身边的好友并不喜欢她讲述那些空洞的大道理。

　　自己领悟的知识叫分享，书上的知识拿出来讲述叫卖弄。曾曾并没有因为读书而变得有内涵并结交更多朋友，反而让那些一起吃喝玩乐的朋友也远离了她。

　　曾曾很不甘心，很想有一技之长，成为一个有趣的人。可是愿望归愿望，她就是没有办法突破学习时"枯燥"的这个大关。

曾曾问我写作是不是也要突破这样的关口，我说是的。写作也要有章法，也需要不断地提升文笔，这些都需要坚持苦学。

其实，所有的艺术都是相通的，不管学习什么，总要遇到这样的关口并突破。许多人，就是在这个关口上放弃了，他们的一生，做什么都是入门则止，不够深入，因此，做人做事方面，多数成绩平平。

我有一位朋友说："我是做销售的，并不属于手艺类，是不是该分出心来去学一门手艺？"

这位朋友做销售七八年，销售业绩一直很普通。在公司里不上不下，属于被辞退可惜，不辞退又不可能再提升业绩的类型。

我想，许多人都有这样的困惑，在公司里，不上不下，辞职可惜，不辞职又没有前途。事实上，这正是犯了曾曾这样的错，表面上看起来你还在坚持着，但没有任何提升与"浅尝辄止"又有什么区别呢？要知道，只有用"专家"的标准要求自己，才能做出好成绩。所以，高小洁是抱着即使学习钢琴，也要成为一个"专业的爱好者"的态度来学习的，她不是玩一玩，而是要玩得专业，玩得深入，玩成一名不错的钢琴师。

普通人和成功人，差别就在这里吧，对待一件事情的态度不同，决定了一个人到底能走多高，走多远。如果我们做任何事，都能在自己的内心种下一颗手艺的种子，生长出一颗手艺人的心，那么我们的人生，是没有什么做不到的。

破土而出自然苦，自然要用力，可是，突破了这一大关，就能享受阳光、雨露、开花结果了，不是吗?

成功的人都有自己的喜好、专长，他们一方面靠这些滋养着自己，另一方面滋养着生活和朋友。

当你朋友越多，生活越来越好，你也会变得越来越自信，越来越优雅。

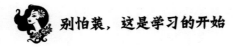

别怕装，这是学习的开始

　　江小安是一个大大咧咧的女子。她会开口大笑，也会偶尔吐几个脏字，还会端起杯子咕咚咕咚地大口喝水。

　　朋友说："小安，你能不能像个女人？"

　　江小安摆摆手："我这样不算女人吗？你说的那种女人太做作了，我不喜欢装。"

　　朋友哑然失笑。确实有些女人很做作，不过，朋友想说的是，希望她能收敛一些自己的行为，不要总把自己弄得像个女汉子。

　　朋友可能对江小安不太了解。其实我知道，江小安骨子里十分细腻温柔，只剩下几位最要好的朋友时，她也会微微浅笑，还希望穿上美丽的旗袍。她不是不女人，只是不希望装，更不希望别人说她装。

　　很多年前，江小安是一个喜欢穿裙子，留长发，在树荫下读书的女生。那时，她是文艺女青年，喜欢读徐志摩和席慕蓉的诗，还喜欢看亦舒和李碧华的小说。每次与同学一起出去玩，她总能吟诗作对，出口成章。

她的才华和文艺，并没有赢得同学们的好感，反而令同学们更讨厌她了。他们经常说："江小安，你能不能不装。最讨厌你们这种伪文艺女青年了，肚子里有点儿墨水了不起啊！"

江小安从来没想过自己是不是了不起，也从来不认为自己是个文艺女青年。她只是单纯地喜欢读书，喜欢在不同的环境中体验不同的情感。只是她没有想到，这会惹怒同学，让自己成为被攻击的对象。

从那以后，江小安开始收敛自己。她剪短了头发，换上了牛仔裤，说话也不再文绉绉的了，而是像个小混混一样，偶尔还会说上两句脏话。

在她看来，这样才叫不装。她大大咧咧以后，果然获得了同学们的喜爱，她的朋友也变得更多了。那时她才觉得，之前的自己可能真的错了。

我们每个人都喜欢爽快、干脆、利落的女子，可是我们也并不排斥具有文艺气息的女子。只要她们天生具有文艺性格，就喜欢弄花焚香，这又有什么错呢。

我知道，江小安是一个文艺女青年，她变成大大咧咧的性格不是本性，所以我一直鼓励她，要做回自己。可是对于江小安来说，变回去真的太难了。

一直到现在，江小安还是喜欢诗词，喜欢喝茶，喜欢弄花，不过，一切都是偷偷进行。她不敢在那些朋友面前把文艺的一面展现出来，她怕被人讨厌，怕被人骂她装。就算有朋友来家中做客，她也会把茶具收起来，换成简单的玻璃杯给朋友泡茶。

装，不是一件好事。许多女子，为了不装，放弃了自己原本喜欢的东西，或者独自一人偷偷地玩耍。这似乎没什么，但我想说的是，这会让你的人生失去很多机会，甚至错过真正懂你的朋友。

就像江小安，她一直想学习专业的茶道，去做茶道师，可是，她却不想让人知道她的喜好。她的真性情无人得知，所以她也没有知音，更无人懂得欣赏她。

表面上看来，她风风火火，逍遥又自在，其实在她内心深处，终有一丝不能做自己的遗憾。

有一天，我送了江小安一件旗袍，希望她能穿给我看。我本想鼓励她，让她活出最好的自己。可是，当她从卧室里走出来时，她的眼神像一个戏子在表演，她的兰花指伸得僵硬不自然，她的口红抹在她的嘴唇上更是显得怪异。

我突然发现，她真的在装。她做久了豪放派，那种气质早已深入骨髓，而灵魂深处的婉约派，似乎只能去拷问她的灵魂。

我一时间愣在那里，不知该说些什么。如果我让她做回这样的自己，江小安一定会再次受到打击。可是，我不鼓励她，那个真正的她永远回不来了。难道，她一辈子只能做一个大大咧咧的女子了吗？

正当我不知所措时，江小安看出了我的失望。她难过得差点儿哭出来："你看吧，你满脸都写了'不好看'，我还能怎样。"

我相信，你身边也有爱装的女子。她们在花下读书，在烛光里吃晚餐，有时还会穿上旗袍去参加各种舞会。可能她们真的很漂亮，但那些美里，总透着一股假。你知道，那眼神，那动作，那笑，都不是真实的，都是装出来的。

如同去拍婚纱照，或个人写真集，像是摆好了姿势，"咔嗒"一下，再等众人捧场叫好一样。是的，那些做出来的动作确实美，但是我们也知道，只有那些骨子里透出来的自然才是真正的美。她们的一瞥一笑，不是动作上的摆拍，而更像是生活场景里的抓拍。

同样是文艺女青年，有些人就文艺出了风骨，她们不仅不装，还给人一种别样的风情。那风情像从骨子里生出来，即使伸出大家看起来"做作"的兰花指都是那么有味道。我一直想知道，到底是哪里出了问题，为什么两者之间差别这样大。

黄小皇告诉我，两者之所以差距大，是因为高手都装久了。

我被她这样的观点吓到，可仔细想来，她说得也很有道理。就像舞台上的演员，一开始表演某个曲目，或表演某个角色，带着演的成分，可是演得久了，角色也会变成演员的一部分，像是从身体里长出来的一样。

而黄小皇的故事告诉我们，装没什么，有时候装也是一件好事。

黄小皇是一位文艺女青年，她画画、喝茶、打坐、穿汉服，有时还会装作一个孩子，向身边的好友讨要关怀。

"求安慰""求抱抱"，说的就是黄小皇撒娇时的样子。如果这是一个个表情包，可能甚是可爱，但是换成真人版的，还是成人版的，就感觉不是那么对味了。可是，当黄小皇当着朋友的面儿去"求"这些的时候，不仅不会让人感到不舒服，反而让人觉得她真的像个孩子，很好玩。

不过，这是后来的黄小皇。她最开始扮演孩子的角色时，着实让身边的人起了一层鸡皮疙瘩。尽管我们很不习惯，可她坚持将这样的角色扮演下去。久了，大家反而觉得这样的性格是一种特色了。

许多年前，黄小皇比江小安还要无拘无束，还要像假小子。可是，她突然就喜欢上了文艺，想变成一个文艺女青年。最初，她把裙子穿在身上时，我们看着实在怪异，好像她临时从别人身上扒下来的衣服一样，无论从气质到风格，都不像她。

当她越来越注意自己的言行举止，经过不断地练习，现在文艺气质仿佛已经长在她骨子里了。

她确实很装，但从不怕别人说她装。黄小皇说："不要怕别人说你装。装，是学习的开始。你想想，哪一件事不是由学习而来？最初学习茶道，怎么看都有装的成分，可是做了十年的茶道师，还是一种装吗？穿麻衣，穿布鞋，在庭院里侍弄花草确实很装，可是当这些变成生活常态时，还是一种装吗？习惯成自然。所以，当别人说你装的时候，你便知道你在学习新的东西，只是因为还没有学好，学好了就变得自然了。但是，如果因为怕别人说你装而放弃学习，就得不偿失。"

黄小皇还说，文艺方面的装被人批评不可怕，一个人好的教养和规矩被人骂是一种装，这才可怕。

我们身边有许多人，她们有着良好的教养和优雅的举止，可是走到大众场合，背地里总有人会骂她很装。这种摆出来的姿态，看似很装，可也正是我们这个世界需要的好的教养。

我们一方面批评某些人没教养，一方面又批评优雅的女人有点装。这个世界总是充满着矛盾，不管怎么做，总会遭到他人的批评，无论做多好，总会有人不满意。

不过，活得更优雅，更有教养，更有学问，是我们每个人的追求。不管别人怎么说，按照自己的步调去学习就是最好的做法，至于这些行为是不是装，已经不重要了。

女人，最好的投资就是投资你自己

　　每个人一出生，都没什么不同。后来人与人之间差别越来越大，是因为在成长的过程中，每个人的关注点不同。

　　就拿女子来说，有的女子注重穿衣打扮，即使姿色样貌平平，也能变成美女；有的女子注重家庭，每天围着老公孩子家务转，即使才高八斗，容貌娇艳，也被琐事打磨成最为普通的女人；还有的女子，注重投资自己，她们即使没有高学历，没有好姿色，可却凭借着一身本事，上得厅堂，下得厨房，站得了讲台，斗得了流氓……

　　如何才能遇见最好的自己？一定是不抱怨，不气馁，不停地投资自己。

　　小然出生在四线城市，在那个城市里，她的家境相当不错。家里有两套房子，妈妈是护士长，爸爸是企业高管，她从小就过着优渥的生活。

　　她十几岁的时候，爸妈带她出门旅行，她一下子就爱上了大城市，并发誓一定要考上大城市的学校。但是，当她考上北京，决定在北京好好发展时，突然发现在这所城市里，她没有任何优越感。

这里有太多比她有钱的女孩，也有太多比她更努力的女孩。在老家，她家境好，什么都要用最好的，来到这里她却要省吃俭用，控制自己对于物质的向往。

大二那年，小然便有了回老家的冲动。她思来想去，在这座城市里，父母要倾尽所有才能为她买上一套房子。而她的生活和工作，还要靠自己打拼，这样的生活太累了，根本不是她想要的。

如果她毕业后回老家，则可以靠父母的关系去一个不错的单位，找一个家境相当的老公嫁了，将来偶尔出来旅旅游，大概就是最幸福的生活了。

小然想通了以后，她的日子便过得很潇洒了。她不再闷在宿舍里学习，也不再为了将来有一个好工作而努力，而是把时间和精力放到了吃喝玩乐，还有穿衣打扮上。

是啊，她即使不用奋斗，也能不愁吃喝地走完这一生，那又何必让自己辛苦呢？

就这样，大学毕业后小然回到了家乡，靠父母的关系进了不错的企业，如今，她结婚生子，婆婆已退休，帮她带着女儿。她过着十指不沾阳春水的生活，让身边许多人都很羡慕。

许多人说，小然这样的女子命好，从一出生便决定了她以后的日子顺风顺水。其实不然，很少有人能一直一帆风顺。

小然不喜欢婆婆对女儿的教育方式，决定回归家庭亲自带孩子。

老公没有反对，只是她回归家庭以后，他似乎越来越忙碌了。

之前，小然整天上班，不用在家里面对婆婆，就算晚上回到家中，吃完饭也便回屋了，她们的关系一直很好。可自从小然辞职后，没多久她和婆婆有了第一次争吵，接着有了第二次，后来她实在没办法了，从那个家里搬了出去。

表面上看，老公什么也没说，可是自己妈妈的抱怨很难让他不对小然有意见。不知不觉，他们夫妻之间有了裂缝，他变得不爱回家，有什么心事也不再对她讲。

在一次大吵之后，小然决定一个人出来散散心。这些年，她回到家乡便结婚生子，很久没有出来转转了。她来到了北京，与之前的朋友和同学见面，这次聚会给小然的触动很大。她这才发觉，当初自己走错了路。

她以为，靠父母，靠老公，就能过一个完美的人生。可她看到那些留在北京、当初不如她的同学和朋友比她过得好的时候，才感叹自己的异想天开。

在这个世界上，想要过得好，只能靠自己，而不是靠别人。就像小然，她靠父母，父母不能陪伴她一辈子；她靠老公，老公却与她渐渐疏远……当她的人生走到绝境，别人的人生却一路飙升，越来越丰富精彩。

枝桠与小然是大学同学，她来自县城，家境并不太好。枝桠的妈妈当初一直怀不上孩子，等有了枝桠时，已经四十多岁了。所以，当枝桠上大学时，她的父母已经人到晚年。他们没有保险，没有退休金，枝桠为了给他们更好的生活，只能努力奋斗，尽一切可能地去赚钱。

上大学时，和小然的悠闲自在比起来，枝桠过得极其忙碌。她一边赚取生活费，一边把赚来的多余的钱用于投资自己。她学习软件设计、英语、编程等。等她大学毕业的时候，早已有公司看上她，让她不再为找工作而发愁。

枝桠说："上大学那几年，我每天只睡三个小时。白天不上课就去打工赚钱，晚上不能上班了，我就一个人学习。"

事实上，大学毕业后，枝桠过得也没多轻松。她有了工资，依然没有放弃做外包赚钱，为了让自己更加精进，成为软件设计师中的佼佼者，她一直在学习。

她的努力是有目共睹的，每次公司有晋升的机会，都留给了她。去年，她去国外进修学习，当下早已是高级的蓝领。

枝桠在北京买了房，把父母接到了北京，她不再为钱而愁，生活也发生了翻天覆地的变化。多年后再看枝桠，她自信、漂亮、妆容精致，身上没有一件衣服和饰品低于 5000 元。

小然说："看看你，再看看我自己，我是多么土，又没有一技之长。现在跟老公闹别扭，都没有离婚的资本。这些年，我一直以为自己过得不错，现在看来，是我太天真了。"

枝桠安慰她："现在也不晚。你的孩子已上了幼儿园，白天有大把时间学习。你还可以找份工作，慢慢地去证明自己的才华。其实，每个人都没什么不同，只不过有的人舍得投资自己，你在自己身上投资得越多，自己就越值钱。"

总有人说，自己输在了起跑线上，然后感叹一番命运的不公，接着便继续玩手机，打游戏了，以为这辈子再也不会成功。

要知道，在起跑线上输了没什么，如果明知输了却还不改变自己、投资自己，让自己越来越值钱才最可怕。那样的人，必然输掉一生。

不是每位女子天生就能光鲜靓丽，也不是她们天生就好命，有许多女子，她们的好命是靠自己拼来的。试想，一个妆容精致，懂得搭配的女子简单吗？她们不也是努力地学习如何搭配，如何让自己变得更美，才变成了一个人见人爱的漂亮女人吗？

没有谁，不努力，不在自己身上花钱就能好看又好命。有句话说："人生最可怕的事情在于，比你有钱有能力的人，还比你努力。"如果一个人比努力都输了，那她即使家财万贯，早晚也会有用尽的一天。在起跑线上，小然赢了，可是她不到30岁的年纪，便已经输了。

枝桠在起跑线上输了，可是她靠自己的不懈努力，赢回了全世界。

不管是投资大脑，还是投资个人形象，三五年内很难见到成效。因为初级的知识，基础的审美，并不能让我们一夜变成女王。但只要坚持下去，三五年后，你就会在某个领域，或者在形象上有了自己的竞争力和品位。那时，机会很容易降临在你这样优秀的人身上。

道理都懂，可难就难在，愿意吃三五年的苦，让自己成长，让自己变得优秀。很多人，不是输在了起跑线上，是输在了刚刚起跑上，稍微感到辛苦便放弃了。可是，你必须要知道的是，辛苦三五年，你可以优雅一生；"幸福三五年"，你可能碌碌无为一辈子。

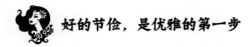 **好的节俭，是优雅的第一步**

"人无远虑，必有近忧。"一位女子活得优雅，一定少不了高瞻远瞩的眼光。她们人生得意时，低调不张扬，生活遇到了苦难，亦不气馁，因为她们早为苦难储存够了丰富的资产。

小鸟8岁那年，举家搬到了北京。她父母是建筑工程公司的老板，可谓家境优渥，十足的白富美。

从小到大，小鸟上最好的学校，买最贵的衣服，吃最好的食物，住最大的房子。他们不求最好，只求最贵。二十多年前，她的父亲凭借着良好的关系，包揽了一个又一个工程，生意做得如日中天，每天有数不清的钱进账。因为得钱容易，他们花钱也很大方。无论对家中乡亲父老，还是手底下的员工，出手都很阔绰。

有一次，我和小鸟去王府井逛街，面对那些只能看没钱买的衣服，小鸟一口气买下了十件。只要是她喜欢的，她刷起卡来从不眨眼。

贫穷限制了我的想象力，我劝她收敛点，小鸟却摆摆手说："这算什么，我更喜欢去巴黎、美国等地购物，那才叫爽。花这点钱买衣服，毛毛雨啦！"

我听完，简直惊掉了下巴。

我和小鸟是发小，不过自她来到北京以后，我们联系就少了。有一位和小鸟关系不错的闺密跟我说："其实，小鸟家境早不如前，她就是在你面前摆阔而已。"

早些年，小鸟的妈妈经常带她去国外购物、度假，但这些年，她父亲的生意日渐衰弱，一年做不了几个工程项目。而小鸟从小养成了大手大脚的习惯，对于她来讲，面子比生活更重要。而她的父母，更是过惯了讲面子的生活，尽管收入一再压缩，但还是尽量保持着生意兴隆时的样子。

没人知道，他们在吃家底。

之前，她父亲为了包揽工程，整日在外应酬早已抽空了身体。如今，生意越来越难做，他不得不把所有的时间都放到应酬上，最终身体垮掉了。

小鸟的父亲被查出癌症的那天，她的天塌了。这些年，她和妈妈过惯了养尊处优的生活，对公司的事一窍不通。她除了会买买买、吃吃吃外，其他的事并不擅长。她开始学着打理公司，学着应酬，却发现原来赚钱如此艰难。

趁父亲还活着，还有那么几个老关系，这个家还能维系下去。假如有一天父亲去了……小鸟根本不敢想象没有父亲的日子。

仅仅用了 3 年，他们一家便从别墅搬到了 120 平方米的普通房子里。都说，瘦死的骆驼比马大，可是纵然有金山银山，也总会有吃完的一天。望着账户里日见缩减的数字，小鸟开始精打细算地过日子。

有一位朋友说："小鸟家虽然已经败落，可依然比我们普通人强太多。她在北京还有好几套房产，账户里还有一大笔财产，这辈子也够了。"

可是，我知道对于小鸟来说，是不够的。我们普通人眼里的天文数字，在小鸟眼里不过是一年的开销，她仍然从公主变成了灰姑娘。

某个深夜，小鸟发来微信："明天和意外，我现在才知道，是意外先来。从小到大，我们家有花不完的钱，有做不完的生意，我从来不知道原来我还能有这么一天。我才30岁，便遭此打击，真不知道以后的人生该怎么活。"

我只能安慰她："慢慢来，只要你肯努力，一切都有可能。"

小鸟有点绝望，"早知如此，我当初该好好省钱。我之前随便买一个包包就要好几万，现在几万块却是我一个月的生活费。我每天精打细算地过日子，不知道这样的日子什么时候是个头。"

我真不好意思说，如果你现在还不懂节俭，很可能10年后，一个月几万元的开销要缩减到几千元。但如果现在懂得节俭，并找到一份稳定的工作，你的晚年要比很多人都富足。

没有人知道，人生还会不会有下一个意外。就算今天平平安安、健健康康地生活着，我们也要趁早学会为未来的风险储存丰厚的粮食。假如小鸟早些年懂得精打细算，也许会比现在好很多。我们可以享受最好的一切，但并不等于铺张浪费。

富豪还有落魄的一天，更何况我们普通人呢？如果他们都无法承担未来意外的风险，那我们又拿什么来承担风险呢？

安雨 16 岁那年，她父母决定开一家饺子馆。为了这家餐馆，他们攒了许多年的钱。后来，总算能盘下一个店面，父母想也没想便辞职下海经商了。

安雨的大姨有开饺子馆的经验，更有制作饺子馅的独家配方。靠着不错的味道，安雨父母的饺子馆刚开起来没多久，便能收支平衡了。三个月后，他们在那个地方打开了名气，开始盈利。

等安雨大学毕业时，她的父母已开分店，将生意做得越来越大了。安雨没有公主病，父母尽管很有钱，但给安雨的生活费并不多。在学校里，安雨比普通人过得好，她也穿名牌，吃大餐，但从不过于铺张浪费。

安雨有自己的想法，她的理想是做一名歌手，录一张属于自己的专辑，不为发行赚钱，只为唱给自己听。父母并不支持她的理想，所以她一直偷偷地攒钱，为自己的将来做着打算。

大学毕业后，安雨白天上班，晚上去酒吧唱歌赚钱。她把业余时间赚来的钱，原封不动地攒起来。她一直以为，这是她的唱片制作费，后来她才知道，这是她人生中遇到意外时，还能保持优雅的唯一资本。

两年前，她的父母开了第五家分店，生意做得越大，许多环节便越把控不到位，饺子馆因为食物问题出现了意外。

　　好在客人都没有生命危险，警察经过调查后，他们对客人做出了赔偿。因为赔偿规模巨大，这次的赔偿让他们几乎丧失了所有家产，并关停了所有的店铺。

　　一时间，这个家庭陷入了绝境。父母苦心经营的一切，竟因为员工的粗心而毁于一旦，尽管心有不甘，但对于当下的遭遇又无法绝地反击。

　　许是之前过惯了苦日子，谁也没想到，安雨的妈妈留了一手。她每年都把盈利的百分之五存起来，等攒够了一个山头的钱，便把它包下来。她还包了几十亩地，心里想着老了的时候，把餐馆留给安雨，他们老两口在农村种种地，过一个悠闲的晚年。

　　当意外先来到，这笔安享晚年的地方，成了他们唯一的财富。他们把山头转租给了别人，获得了一笔不错的启动资金，他们回到家乡，开始了蔬菜大棚的人生。

　　安雨之前也存了一笔钱，她没有因家庭出现意外而让自己的歌手梦破碎，也没有因这场意外，降低自己的生活质量。唯一不同的是，她对生命有了新的感悟，变得更加努力了。当然，为了预防新的意外，她把那笔制作费百分之十拿出来存了理财，还把工资的百分之五也拿了出来，只为让新的意外到来时，自己不那么窘迫。

　　安雨说："我们应该懂得节俭，尽量用这笔钱为自己的未来存一笔意外保证金。其实，我们经常买完东西就后悔，那些买了不穿的衣服，过期的面膜和口红，都是一种浪费。今天你什么都有，这点浪费当然不算什么，可是积少成多，那指缝里流走的碎钱，说不定就是你的救命钱。"

我们处于低谷时，知道人生不可能永远低谷，熬过去便是平坦人生。可是，春风得意时，也不要忘记，高处之后也可能会出现下坡路。

天晴带雨伞，饱了带干粮，这是古人教我们的道理，可是人在春风得意时，往往会忽略低谷的存在。我们一直以为，已经存够了钱，或者早已存够风险保证金，可是这些在意外来临时，才发现远远不够。为此，我们应该懂得节俭，把不起眼的钱存起来，当作另外一笔风险资金。别看那钱很少，积少成多，说不定能做"大事"。

未雨绸缪，是一种智慧；定期理财，是一种优雅的生活方式。没有谁永远一帆风顺，我们不能规避意外的到来，但我们能为意外准备更多。

当然，这也是我们为自己的未来，能做的事。

你在能力账户上存了多少钱

在当下，"斜杠青年"似乎成了标配，许多年轻人都有多个技能傍身。英语、情商、心理学、婚姻关系、绘画、摄影……各种培训五花八门，他们一直在提升自己，一直想让自己的明天更优秀。

只是我想问一问，那些报了各种培训班的人，后来都怎么样了？

不知道从什么时候开始，各种培训班的宣传海报开始挂满朋友圈。它们有的是免费的，有的是 9.9 元扫码入群学习的，还有的课程几千元，需要不断提升层级最终才能毕业的。

看着朋友圈里的人都这么努力，小韩终于按捺不住了，一口气为自己报了三个班。它们分别是：情商、PPT、PS。

小韩大学毕业后，通过父母的关系在一家大型企业做小职员，虽然薪水不高，但好在旱涝保收。因为工作较闲，她一直想学点什么技能，好让自己业余时间赚点零花钱。经过仔细对比考量，她认为 PPT 和 PS 最实用，一方面是因为这两种技能普及较广，另一方面便是接活方便，只要在网络上就能对接完成。至于情商就更不用说了，只要有人的地方，就需要高情商。

许多培训班，价格低廉，加上错过的课程可以反复听，于是很多人报名后，便心安理得地拖延课程了。小韩是一个十分努力的女子，她报名后，每周都如约听课，并用业余时间反复练习。十几节课程结束后，小韩收获颇丰，朋友圈晒出的照片质量越来越高。她开始试图接活，帮助小公司做PPT，她做得认真，几乎用尽十八般武艺，可是做出来的PPT还是被退回来了。为此，小韩开始降价，做一张仅收取十几元钱。靠着收费低廉，她倒是接了几个活，只拿到少得可怜的几百元钱后，小韩决定放弃，因为赚来的钱，不够她贴眼膜的钱。

做PPT那段时间，她加班加点，睡眠严重不足，把自己熬成了熊猫眼。如果今后接活还要继续熬夜，真是得不偿失。就在她即将放弃时，她看到了另外一个文案，是一个写作培训班发出的。

文案中，讲述了一位辞职在家的宝妈，现在孩子长大了，她有了大把的业余时间，于是有了赚零花钱的想法。她报了这个写作培训班，学习写自媒体文章，仅仅用了两个月的时间，她的文章遍布自媒体各大平台，成为一名月入万元的宝妈。

小韩上大学时学的是汉语言文学专业，与那位宝妈相比，她有着天然的优势，那位宝妈都成功了，她这样有功底的女子又怎么能不成功呢？

小韩报名了那家培训班，在写作培训班里，她是进步最快的学生。培训班有自己的平台，半个月后，小韩的第一篇文章便顺利发表在了平台上，虽然稿费只有100元，但刚刚学习就有如此小成绩，还是令同期培训的人十分羡慕的。

培训老师建议小韩投稿，去尝试更多的平台。小韩自信满满地投了一家，一个星期后，编辑回复她说：观点普通无新意，退了。

　　望着简短的几个字，她难过得说不出一句话来。培训老师鼓励她说，被退稿和改稿都是正常的事，不要太在意。

　　一次退稿，小韩虽然难过，但对于写作的热情丝毫未减。当一篇又一篇的退稿信接踵而来时，她再也坚持不下去了。她向那位宝妈请教，想知道她是不是也退稿无数。宝妈回答她说："我生孩子之前，写过杂志，生孩子后，好几年没有写了。看新媒体流行起来，才开始学习写新内容。我当然也有退稿，只是靠着之前的功底，算是混得不错。"

　　小韩突然有一种被骗的感觉。一个人哪能轻松收入过万元呢，还不是之前有深厚的功底？还有教她做 PPT 的老师，也是在这个领域待了近 10 年，才有今天这番成就。小韩也想像他们一样，可是她并不想付出这么多时间，她只是想用业余时间，轻轻松松赚点钱而已。

　　小韩迷茫了，她再一次放弃了写作，继续寻找下一个学会了就能赚钱的技能。反正培训班那么多，只要肯努力，总能遇到适合自己的技能。

　　我劝小韩选一个技能深入地去学习，不断地深挖下去，小韩却说："多学总没坏处，我也没有完全放弃之前的技能，有时间还是会继续坚持下去的。"

　　确实，小韩还在坚持着。她一时兴起，偶尔写篇文章，遇到了适合的 PPT 小活也接一接。她身上的技能越来越多，可她并没有因此而赚更多的钱。

我身边有很多朋友，她们报了一个又一个班，试图让自己也变成"斜杠青年"。在她们看来，多学一个技能，多一个横杠，就等于多了一个赚钱的本事，殊不知，真正的"斜杠青年"向来不是浅尝辄止，而是深入学习，让自己成为某领域的专家。他们在一个领域获得了地位，才去在其他领域努力一番，才有了第二条杠和第三条杠。如果把多一条斜杠，理解成多报一个培训班，那么你的人生也会像小韩一样，花越多的钱学习，就越会迷茫，越失败。

现在，很多女子都懂得投资自己，读书、学习、修养身心灵，可大部分投资自己的女子只在书里成功了，现实中许多人，钱也花了，赚钱的能力却没有获得提升。其实，不是投资自己就一定能变好，还有可能花了冤枉钱。所以，与其投资自己，不如投资能力，两者看似都是花钱，其实差别还是很大的。

从小到大，桃子的妈妈只让她做一件事，那就是让自己变得值钱。桃子出生在单亲家庭，妈妈独自一人把她带大，知道一个女人想在社会上立足的不易。为了桃子的前途，她必须对桃子狠心，因为只有这样，她才能在能力上远胜于其他人。

当别的妈妈抓孩子的学习和特长时，桃子的妈妈已经让她学习如何赚钱了。同样是跳舞，别的孩子是为了多一个才艺，而桃子则是为了演出赚钱。为了得到表演的机会，妈妈去各大社团寻找机会，还会去打听哪家公司有年会，需不需要舞蹈演员。有时，桃子去为公司年会跳，不一定给钱，妈妈就告诉她，这是为了培养她的舞台经验。只有经验多，等机会来临时才不会因为怯场而错过。

在那座城市里，演出圈子很小，凭借着妈妈四处宣扬，桃子的收入还是可观的。再后来，省城舞蹈团下到地方来寻找舞蹈演员，桃子一眼就被选中，从此，她的命运彻底改变了。

回顾那段往事，桃子常常说："我感谢我的妈妈，她没有从一开始就把我当公主，而是把我当成灰姑娘，这样我才有机会蜕变成公主。小时候，我很不听话，因为跳舞太苦了，谁不想在家里看动画片呢。可是，妈妈也不容易，我们家没什么钱，可她只要听说省城有什么舞蹈家去演出，就会花钱带我去看。如果省城来了舞蹈家，她也会想尽办法让我接受他们的指点，妈妈在我身上投入了很多，我不好意思不努力。也正因为我比其他小朋友跳得专业，所以才有机会成为一名舞蹈演员。"

桃子不仅会跳舞，还是一个地道的"斜杠青年"。她会插画，懂设计，她的插画常常去参赛，并拿到过大奖，她的作品有时与随笔作家合作，得到多次出书的机会。她后来还学了茶道，闲暇时间便去茶馆做茶道表演。

当下，有多个技能傍身的人很多，但将技能能变成能力的人却很少。我问过桃子，如何才能像她一样，让所有的爱好都能换钱。

桃子说："很简单，像我学跳舞时那样，不停地给自己的能力投资。这种投资从一开始，就不是为了玩，不是为了多个兴趣，而是用来赚钱的。你只有用一颗赚钱的心来投资自己，才会有紧迫感，才会不停地问自己到底值不值钱。"

我并不赞同她的说法，如果凡事都抱着功利的目的，学习不会那么愉快。而且，人生中很多事，不一定非得要去换钱。

"所以喽！许多人一方面反对用这样的态度去学习，另一方面又渴望自己变成有能力的人。他们学习的时候，一方面劝自己好好学，最好能赚钱，另一方面又告诉自己，不过是个业余爱好。现在的人常常说要投资自己，这是因为看到别人开始投资了，如果自己不做点什么就会被落下。他们不是想成为'斜杠青年'，只是因为焦虑和虚荣心，被迫想成为'斜杠青年'。只有清楚地明白自己想要什么的人才能成功，他们不是为了谁，而为了自己。他们做一件事，也是真心喜欢，只不过兴趣也可以很专业，专业到变成赚钱的能力。"

这时我才突然明白，为什么有些人投资自己，为自己花钱，能让自己越来越好，而有些人投资自己，却只能成为小爱好了。那些花拳绣腿的"好"，不是真正的好，只不过骗骗自己，心安理得而已。而真正有本事的人，懂得投资技能，等有了真本事，也便成就了最好的自己。

不是所有的投资，都有回报，只有正确的投资，才能有好的收益。天底下，可能没有想赔钱的商人，但一定有赔钱的买卖，只要稍不注意，就有可能血本无归。也有人认为花钱就是赚了。

不一定的。比如说，那些花钱购买的课程认真学了吗？报的英语班跟着学完了吗？花钱去做的自己喜欢的事坚持了很多年吗？

你看，很多投资都蚀本了。可能你学习英语、PS、编程，就是为了变成自己的能力，可最终的结果是，依然是个半吊子。可见，正如桃子所说，学不下去的时候，偷懒的时候，就自我安慰这些不过兴趣爱好了吧。

　　能力的培养，是一个长期活，没有谁花点钱，就能变成自己的能力。想要有所收获，就必须把自己当成理财产品，复利复利再复利，只有这样，才能收获最后的高收益，让自己有优雅的资本，做个真正知性的优雅女人。

与其忙着护肤，不如忙着护脑

在旅行时，认识了一位叫乔安的女子。她二十五六岁，喜欢背包旅行，喜欢跑步健身，更喜欢做微整形。

乔安长得并不漂亮，所以常常去美容院做微整，她妆容精致，穿着时尚，无论在哪里都是最受瞩目的美女。

在这个看脸的社会，人人都希望自己变美，在某 APP 上，乔安更是小有名气的网红，靠教人如何化妆，如何穿衣而走红。在镜头前，她美丽动人，神采飞扬，私下里也丝毫不懈怠，甚至扔垃圾都穿着高跟鞋，涂着口红。

乔安说："真正漂亮优雅的女子，不是镜头前、人前多好看，而是时时都要好看。越是不被人注意的地方，越能透露出你的生活品质。"因为漂亮，她出门坐地铁有男人搭讪，在 APP 上做直播有人送豪车游艇，就连女生见了她，也忍不住多看几眼，夸赞她把自己打扮得如此精致。

一个人越是在漂亮上占据优势，就越会在如何变得更漂亮上下功夫。乔安离不开高跟鞋，离不开美容院，更离不开一贴又一贴的面膜。尽管乔安赚钱不少，但大部分钱都花在了如何变美上，并无太多积蓄。她不敢熬夜，不敢吃垃圾食品，更不敢吃那些放了辣椒的美食。

身边有朋友羡慕乔安，也有人对乔安的做法嗤之以鼻，认为她想凭借着美貌找一个富二代男朋友，好让自己的人生走向巅峰。

乔安从不把这些酸话放在眼里，在她看来，女子理应配得上最好的一切。最好的脸蛋，最好的衣服，最好的护肤品，还有最好的男人。如果自己能找一个富二代，那么，为什么不呢？更何况，追求她的男生很多，每一位都条件不错，相比那些姿色普通的女子，她靠着美貌已成功大半，又有什么不好呢？

乔安说："有些人动不动就把女人分为两类，一类叫花瓶，一类叫居家好女人，好像只有温柔贤惠，会做饭，会洗衣的才叫好女人。确实，那样的女人适合居家过日子，可是现在都什么社会了，有外卖，有洗衣机，有电动吸尘器，哪里还需要女子干什么家务。能干的女人太多了，哪一位成了男人珍惜的宝贝了呢？相反，那些爱惜自己，懂得保养自己的女人，却活成了男人眼里的宝。"

两个人初次交往，形象样貌能给人留下不错的印象，可是，真正接触起来，却需要其他品质。比如，善良、情商和智商。

乔安被越多人追捧，就越迷失自己。她一直以为，今天得到的一切，都源自于美貌，可是她从来没有想过，美貌是最靠不住的东西，因为人会老，因为总有比她更漂亮的女子被推向大众。

在那个超级火的 APP 上，乔安只红了半年就被新出来的年轻姑娘比下去了。粉丝喜欢新式妆容，喜欢新网红的风格，更重要的是，她们比乔安还要漂亮。乔安只是微整，她们却更舍得花钱，给自己做了全套。

乔安想，要不要也去做个全套，让自己变得更美一些。可转念一想，粉丝早就熟悉了她这张脸，动大刀会被粉丝发现，会掉粉掉到怀疑人生。

乔安娇滴滴地找男友商量，问他如果自己没有人气了，会不会养她。男友一怔，笑着拍了拍她的头，表面上说会，没多久便提出了分手。她一直以为，自己人气下降男友才离开她的，谁知道她的朋友却亲眼见到，他跟更漂亮的新网红在一起了。他经常在她的直播间里，给她打赏了不少钱才获得了女网红的芳心。

渐渐地，乔安对自己的样貌越来越没自信了，她一直问我，要不要去做个全套整形。我当然反对，可是她始终认为，只有变得更漂亮才会被重新瞩目，遇到另一段靠谱的爱情。

在现实社会中，有太多女人把容貌放到了第一位。她们万分爱惜自己的形象，也十分珍爱这样的观点。如果你否定她们的观点，她们一定会说你是个不懂生活，没有品味的女子。天底下，没有哪个女子不爱美，爱美是人的本性，只是，过于爱美的人，往往成功一时却无法成功一世。因为一个人过于注重美貌，很容易就忽视了思想方面的提升。当她往脸上贴一张张面膜时，努力的人却在读一本又一本书，在平静的岁月里积累着自己。

江江是一个长相普通的女孩。为了弥补自己的缺陷，她也会化个简单的妆，让自己穿得精致。她给人的印象不是好看，但是长得很精神。我另外一位朋友说，江江虽然表面上看其貌不扬，可是她的那双眼睛不凡，一看就是一个聪明的女子。

江江三十来岁，经历和阅历并不丰富，不知道朋友是如何看出她很聪明的。朋友说："我做生意多年，什么样的人没见过？一个人的知识，是可以通过眼睛看出来，不要以为你有内秀别人看不到，看不懂你的人没必要深交，说明不是你的知音。"

了解江江的人都知道，她确实有着深厚的学识修养，较高的情商和工作能力。遇到了学识高的人，她会与他们侃侃而谈；遇人不淑时，她凭借着高情商不至于让自己赔了夫人又折兵；遇到公司领导，更是用专业的态度让领导心服口服。

她有男朋友，他很赏识她的才华，与她在一起总有讲不完的话。在他看来，样貌看久了，会审美疲劳，而有内涵的人，却可以细细去品味。

我第一次见江江时，因为她太普通而忽视了，没有特别注意到她。可是接触久了，才发现她的好，对她越来越喜爱了。慢慢地，她长得如何，是不是漂亮，已经不重要了。现在看她，反而认为她是耐看型，越看越有味道。

有一次聊天，无意中提到了关于美貌的话题，江江说："人之所以能成为高级动物，就是因为有智慧。而那些厉害的人，成为顶尖人物的人，往往也没有长得多好看。好看的人，一开始被大家喜欢，会暂时获得成功，让她们找到优越感。可是，人与人之间长时间的交往，靠的并不是美貌，而是智慧。你会因为一个人好看，就长期跟她交往下去吗？当然还要有其他的条件，她越是优秀，你才越愿意与她做朋友。而长相普通的人，正是因为没有一开始的惹人注目，所以才懂得智慧取胜。"

聪明、有趣、才华，能获得朋友的欣赏，可是在爱情里，长相或许更加重要。如果你长得不好看，很可能心仪的男生被别人抢走了。

江江并不赞同这样的观点，她说："聪明的人，懂得节省沟通成本。你想，你已经如此优秀了，他还会因为你的样貌而不爱你，这样的人，又如何配得上你？就算你们谈了一场恋爱又怎样，不过是浪费彼此的时间。就算你长得好看，暂时赢得了他的心，可是一个在乎美貌的男人，你认为他会爱你的美貌多久？两个人相处，靠的不是长相，而是性格和智慧。所以，不要争一时之短长，眼光还是要放得长远，这样才能节省沟通成本，让自己少遇人不淑。当然，我并不否认美貌的重要性，作为一个女人，简洁、干净、大方就OK了，余下的时间护护脑子才更好。"

一时间，我突然明白为什么朋友说江江不凡了。她的不凡，不是空穴来风，也不是随便说说，而是有真本事。

女人们把照片P了一次又一次，滤镜加了一层又一层，以为这样就能赢得别人的好感，可是她们也担心见光死，甚至在"见光"的那一刻真的死了。在宫斗剧中，多数被皇帝宠爱的女人，都是靠着容貌上位。但真正能活到最后的，却是才高八斗，赢得了一场又一场斗争的智慧女子。容貌能让你成功一时，却无法让你成功一世，更何况，一个爱你容貌的人，也会爱其他女子的容貌。我们苦苦一生，等的不是这样肤浅的男人，而是那个真正懂得欣赏自己的人。

　　所以，别再期待那个一眼就爱上你容貌的人，有时容貌不够出众，才让你有了展现内秀的机会。与容貌相比，才华和智慧来得更踏实，毕竟，容颜随着时间越来越衰老，而智慧却随着时间越来越丰富和通达。不争留不住的，守住让自己变好的，这样的女子才能真正优雅起来。